Jean-Paul Blugeon

Fotovoltaikanlagen selber bauen

Solarstrom für Garten, Haus und Hobby

374 Fotos
13 Zeichnungen
Aus dem Französischen von Wolfgang Pfann

Ulmer

Vorwort

Solarstromanlagen selbst bauen?

Nach etwas holprigen Anfängen vor nun schon über 40 Jahren findet fotovoltaisch erzeugter Strom heute eine Vielzahl von Anwendungen, die zumeist im unteren Leistungssegment liegen. Damit ist die Fotovoltaik definitiv aus ihrer Außenseiterrolle für Ökopioniere, zu denen ich mich selbst zählen möchte, herausgewachsen. Einerseits haben wir das reguläre Stromversorgungsnetz – man denke an die bekannten „Solardächer", die einen Teil oder sogar den gesamten in einem Gebäude verbrauchten Strom produzie-

ren. Andererseits wird Fotovoltaik aber auch in zahlreichen „Nischen" verwendet, also bei Systemen und Geräten, für die sich das öffentliche Stromnetz nicht besonders eignet, weil sie mobil oder zu weit weg davon betrieben werden sollen.

Im Schatten der großen Fotovoltaikanlagen möchte ich Ihnen in diesem Buch einige praktische Anwendungen des Solarstroms für den privaten Gebrauch vorstellen: vom solarbetriebenen Zierbrunnen oder Darre-Ventilator bis hin zum kleinen, unabhängigen

Mobiler Solarstromgenerator im Handkoffer beim Zusammenbau (Seite 120).

Stromgenerator für eine Hütte, ein Boot oder ein Wohnmobil. Natürlich kann man solche Geräte auch fertig kaufen oder sich einbauen lassen: Man findet ja heute fast überall kleine, mit Solarenergie betriebene Geräte wie zum Beispiel Taschenlampen oder Solarlampen für den Garten. Häufig sind diese kommerziellen Geräte recht teuer. Man kann das Material jedoch auch als Bausatz kaufen – das ist nicht nur billiger, sondern es macht auch viel mehr Spaß beim Zusammenbau und bei der späteren Nutzung.

Sie denken schon länger darüber nach, Sonnenstrom für sich zu nutzen, wissen aber nicht so recht, wie Sie es anstellen sollen? Dann ist dieses Buch über den Selbstbau von Fotovoltaikanlagen für Sie gemacht! Es „beleuchtet" dieses Thema nämlich von einer ganz neuen Seite, indem es sich auf die praktischen Anwendungen des Solarstroms konzentriert. Natürlich erhebt es nicht den Anspruch, alle Leistungsmerkmale dieser Technologie aufzuzeigen, sondern stellt lediglich eine repräsentative Auswahl der unterschiedlichsten praktischen Anwendungen vor. Das Buch zeigt Ihnen 15 solarbetriebene Geräte und Systeme, die für den normalen Heimwerker ohne besondere Kenntnisse der Elektrotechnik realisierbar sind. Mit vielen Bildern veranschaulicht Ihnen dieser Führer die zu verwendenden Materialien und das

Die fünf wichtigsten Nutzungsmöglichkeiten kostenloser Sonnenenergie.

notwendige Werkzeug, gibt Hinweise für die einzuplanende Zeit und erklärt Ihnen Schritt für Schritt die Vorgehensweise. Außerdem lernen Sie, was das Material kostet und ob es eventuell billigere Alternativen gibt. Nicht zuletzt erhalten Sie wertvolle Tipps, die auf meiner eigenen Erfahrung beruhen, und erfahren, wo Sie sich das für die Montage benötigte Material beschaffen können.

In diesem Sinne: Viel Spaß beim Bau Ihrer eigenen Solarstromanlage!

Basiswissen

Gegenüberliegende Seite: „Das Haus der Sonne". So taufte der Autor sein bioklimatisches Anwesen in Rochefort (Charente-Maritime), Frankreich. Hier wird seit fast 20 Jahren fotovoltaische Energie genutzt. Die Fotovoltaikmodule auf dem Dach stellen das erste Mikrokraftwerk der Region Poitou-Charentes dar. Sie erzeugen Solarstrom, den sie in das öffentliche Stromnetz einspeisen. Die Module auf der Pergola laden eine Batterie für einen 24-Volt-Stromkreis. Einige weitere kleine Solarstromsysteme sind auf diesem Foto nicht sichtbar. Insgesamt stellt das Haus gewissermaßen ein Schaufenster für Sonnenstromanlagen dar, die perfekt an die Gegebenheiten vor Ort angepasst sind (Adressen Seite 203).

Wie funktioniert die Fotovoltaik?

Der fotovoltaische Effekt beschreibt die Reaktion bestimmter Halbleitermaterialien auf Licht, nämlich die Produktion von elektrischer Energie durch Elektronenverschiebung. Das Basismaterial ist Silizium, ein Halbmetall. Mittels physikalischer und chemischer Verfahren werden die Grundelemente, fotovoltaische Zellen, auch Solarzellen genannt, in mehreren Formen hergestellt. (Der Wirkungsgrad ist das Verhältnis der gewonnenen elektrischen Energie und der auf die Zelle treffenden Solarenergie, ausgedrückt in %.)

Kristallines Silizium: Zellen mit einer Dicke von 0,2 mm:
- Monokristallin: gleichförmige Farbe (Wirkungsgrad 15 bis 20 %)
- Polykristallin: perlmuttartiger Schimmer (Wirkungsgrad 12 bis 15 %).

Dünnschichtzellen: Nur wenig lichtempfindliches Material notwendig, Nutzung auf durchgehenden Flächen:

Der einfachste Anschluss: Licht auf die Solarzelle – die Glühbirne leuchtet.

Links: Drei Mini-Solarmodule, von links nach rechts: amorph, monokristallin und polykristallin.

Rechts: An den Klemmen der Zelle beträgt die Spannung 0,5 Volt.

- Amorphes Silizium: einige Mikrometer dick (Wirkungsgrad 6 bis 8 %)
- Mehrschichtig: mehrere Mineralien (ohne Silizium), die auf unterschiedliche Lichtwellenlängen reagieren und so diffuses Licht besser ausnutzen (Wirkungsgrad ähnlich wie beim kristallinen Silizium).

Silizium-Heterostruktur: Kombination von monokristallinem und amorphem Silizium (Wirkungsgrad um 19 %).

Wird eine Solarzelle dem Licht ausgesetzt, zeigt sie zwischen der Vorderseite (negativer Pol) und der Rückseite (positiver Pol) einen Potenzialunterschied von 0,5 Volt (V).

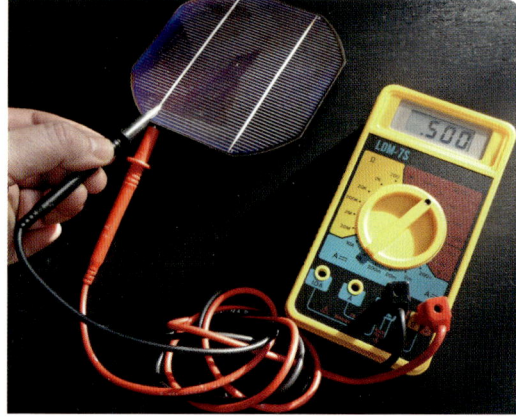

Zur Nutzung dieser elektrischen Energie (ungefähr 0,1 mA/cm^2) werden die Elemente in einer Reihenschaltung angeordnet: der Pluspol des einen mit dem Minuspol des nächsten. Für ein Solarmodul mit einer Nennspannung von 12 V müssen 36 Solarzellen in Reihe ge-

Reihen- und Parallelschaltung zweier Solarzellen

Reihenschaltung: Der Pluspol (rot) einer Zelle wird mit dem Minuspol (blau) der nächsten verbunden.

Parallelschaltung: Die Pluspole und die Minuspole der beiden Zellen werden miteinander verbunden.

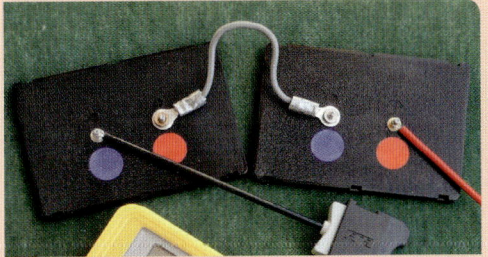

Auf der Rückseite der Zellen: an den freien Klemmen angeschlossener Spannungsmesser.

An den Plus- und Minuspolen einer Zelle angeschlossener Spannungsmesser.

Unter Lichteinfall addieren sich die Spannungen der Zellen (0,5 V + 0,5 V = 1 V), aber der Strom (in A) bleibt gleich. Doppelte Spannung heißt doppelte Leistung (Spannung × Strom).

Werden die Zellen dem Licht ausgesetzt, bleibt die Spannung bei 0,5 V. Der Strom der beiden Zellen addiert sich, und die Leistung verdoppelt sich ebenfalls.

Diese Art der Schaltung ist bei allen Solarmodulen möglich. So können die Leistung erhöht und die Spannung angepasst werden: 12 V oder 24 V für autarke Systeme und bis zu 200 V für netzgebundene Anlagen.

Ein kleines Solarmodul aus Solarzellen bauen

Veranschaulichung der Reihenschaltung: Dieses Modul besteht aus 18 Zellen. Die Nennspannung beträgt 6 V. Sie können auch eines mit 12 V bauen, indem Sie die Zahl der Zellen verdoppeln. Allerdings mag der Preis hier ein Hindernis darstellen: Rund 130 €, nur für die Zellen, zum Aufbau eines Moduls von weniger als 10 W Spitzenleistung! Diese Anlage eignet sich eher als pädagogisches Arbeitsmittel für Lehrkräfte oder Vereine zur Förderung erneuerbarer Energien. Bezugsquellen von Solarzellen finden Sie auf Seite 203.

1 Zellen und Messingstreifen.

1. Ordnen Sie die Zellen in 2 Reihen zu je 9 Stück an, wobei Sie jede zweite auf den Kopf stellen.
2. Verbinden Sie jeweils 2 Schrauben (Klemmen) benachbarter Zellen mit einem flachen Messingstreifen. Achten Sie darauf, dass sich Plus- und Minuspole jeweils abwechseln.
3. Legen Sie die Unterlegscheiben ein, schrauben die Muttern auf und ziehen sie gut fest.
4. Die beiden freien Klemmen sind ein Plus- und ein Minuspol. Schließen Sie daran die Klemmspitzen des Multimeters (als Voltmeter) an (Seite 38). Drehen Sie die Zellen um, so dass das Licht darauf fällt. Das Voltmeter sollte nun 9–10 V anzeigen (Spannung ohne Last).
5. Zur Fertigstellung des Moduls schließen Sie zwei Elektrokabel an den Klemmen an.

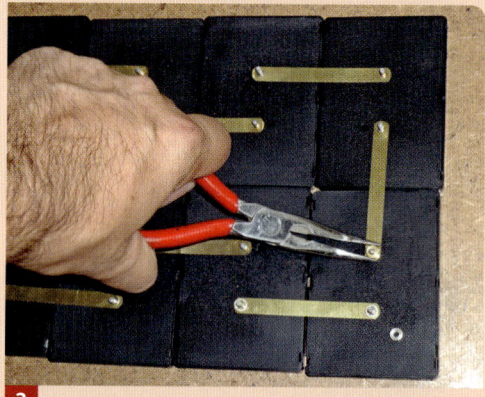

2 Verbinden der Zellen in Reihenschaltung.

Für die mechanische Festigkeit und zum Schutz der Zellen (vor allem bei nicht wasserdichten Zellen) legen Sie die Zellen zwischen zwei Glas- oder Plexiglasplatten. Lassen Sie die Kabel heraushängen und heften Sie sie mit ein paar Tupfen Silikon an. Sie können auch einen Rahmen aus Kunststoff- oder Aluprofil anbringen.

3 Fertiger Aufbau, Rückseite.

Um den Zugang zu den Anschlüssen zu gewährleisten (etwa für elektrische Messungen), kleben Sie die Zellenvorderseiten an den Rändern mit ein paar Tupfen Silikon auf eine Glas- oder Plexiglasplatte.

4 Fertiger Aufbau, vordere (lichtempfindliche) Seite.

schaltet werden, wobei sich die Einzelspannungen addieren (tatsächlich beträgt die Spannung ohne Last dann 20 V; zur Reihenschaltung siehe Kasten). Diese Spannung steht bei Lichteinfall ständig zur Verfügung. Die Anordnung ähnelt einer Batterie, also einer galvanischen Zelle, woher sich der Name Solar*zelle* erklärt.

Die Solarmodule sind in unterschiedlichen Formen erhältlich (Seite 13).

Funktionsarten

Wenn wir vom Einspeisen des Solarstroms ins öffentliche Netz einmal absehen, gibt es die folgenden Nutzungsmöglichkeiten von Fotovoltaiksystemen:

Mit direkter Nutzung der Sonne: Betrieb ohne Zwischenstufe zwischen dem Stromerzeuger (dem Solarmodul) und dem elektrischen Verbraucher. Dieses sehr einfache System wird vor allem zum Pumpen verwendet. Wenn die Sonne scheint, wird das bei Regen aufgefangene Wasser in ein höher gelegenes Reservoir gepumpt, von wo es später zur Bewässerung des Gartens verwendet werden kann (Seite 66).

Mit Speicherung: Die elektrische Energie wird in einer Batterie zwischengespeichert, deren Größe zur Anwendung passen sollte, um sie später (beispielsweise abends und in der Nacht) nutzen zu können. Solche Inselsysteme eignen sich besonders für Orte, die nicht an das Stromnetz angeschlossen sind, etwa abgelegene Häuser, Berghütten, Wochenendhäuschen, Beschilderung, Notrufsysteme, Telefonrelais-Stationen und Antennen.

Dieses Buch zeigt Systeme beider Funktionsarten zu gleichen Teilen.

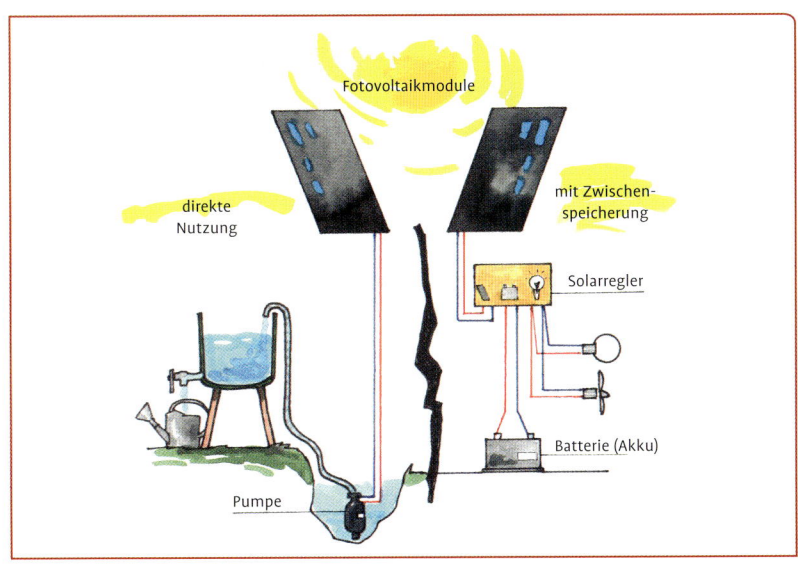

Fotovoltaikmodule

direkte
Nutzung

mit Zwischen-
speicherung

Solarregler

Batterie (Akku)

Pumpe

Nutzungsmöglichkeiten von Solarstromsystemen.

Solarstrom-Bauteile

Hier finden Sie alle elektrischen und elektronischen Bauteile, die Sie für die in diesem Buch beschriebenen Solarsysteme und -geräte benötigen. Bis auf die Kabel und das elektrische Kleinmaterial, die Sie im Baumarkt finden, sind diese Produkte bei Fotovoltaikinstallateuren, im Elektronik-, Camping- oder Hobbyzubehörhandel oder über den Versandhandel erhältlich (Seite 203).

„La Maison du Soleil" – „Das Haus der Sonne" des Autors. Davor die gängigsten Solarmodule. Stehend: drei monokristalline Module (10, 20 und 75 W Spitzenleistung) und ein polykristallines Solarmodul mit 130 W Spitzenleistung. Auf dem Boden: zwei amorphe Module (1 und 5 W Spitzenleistung) und ein monokristallines Solarmodul mit 20 W Spitzenleistung, ohne Rahmen.

Fotovoltaikmodule (Solarmodule)

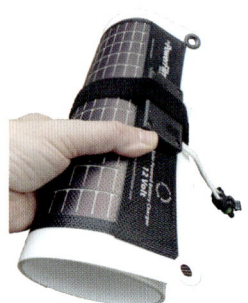

Modul mit 10 W_p Leistung aus amorphem Silizium: leicht und flexibel.

Leistung

Die Leistung wird meist in Watt Peak (W_p) angegeben, auch wenn dieser Begriff und das Einheitenzeichen nicht offiziell definiert sind. Sie wird gemessen bei einer Temperatur von 25 °C und bei einer Strahlung von 1000 W/m^2 (Mittagssonne im Juli bei klarem Himmel) senkrecht zum Modul. Diese sind zwar Idealbedingungen, die Angabe erlaubt es aber, die Produkte zu vergleichen. Im Gebrauch übersteigt die tatsächliche Leistung selten $3/4$ der Nennleistung. Die Produktpalette erstreckt sich von einigen Milliwatt (mW_p) bis zu 200 Watt (W_p). Für ein kristallines Modul können Sie mit 110 bis 140 W_p pro m² rechnen, für ein amorphes etwa die Hälfte.

Lebensdauer

Die Zuverlässigkeit und Langlebigkeit von Fotovoltaikanlagen sind bekannt. Einige Solarmodule des Autors sind fast 30 Jahre alt und erzeugen noch immer einwandfrei Strom. Die Hersteller geben heute eine Garantie von 25 Jahren für 80 % ihrer Anfangsleistung!

Energetische Amortisation (Erntefaktor)

Die Zeit, die das Modul dafür braucht, die für seine Herstellung und die Entsorgung am Ende seiner Lebensdauer benötigte Energie zu erzeugen, liegt bei etwa drei bis vier Jahren (Quelle: Wikipedia), das heißt also nur etwa $1/6$ bis $1/8$ seiner Lebensdauer. Mehr Informationen zur Entsorgung beziehungsweise zum Recycling finden Sie bei Schott Solar oder PV Cycle (Seite 203).

Stromerzeugung

In Deutschland und bei optimalen Bedingungen (Modul in voller Südausrichtung, Neigungswinkel 30°) können, je nach geografischer Lage, 85 bis 140 kWh/m² pro Jahr erzeugt werden.

Preis

Die Herstellungskosten sinken seit 20 Jahren. Polykristalline Solarmodule kosten 2011 zwischen 2,20 und 3 € pro W_p, je nach Technologie, Leistungsfähigkeit und Bezugsquelle.

Anschlussgehäuse: Eigenschaften und Verkabelung

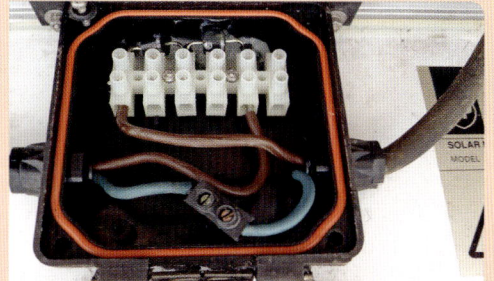

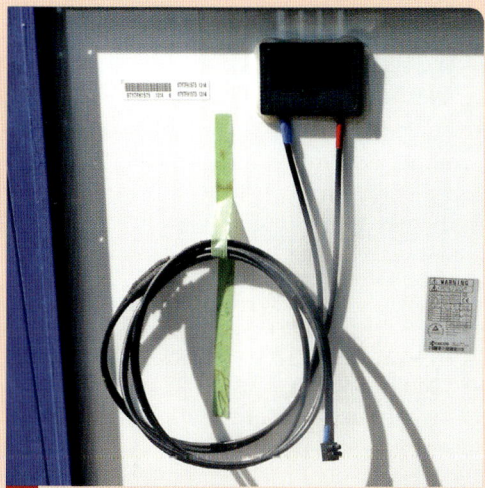

■ Klassisches Anschlussgehäuse mit Lüsterklemmen. Kabelanschlüsse und Gehäusedeckel sind mit Dichtungen versehen.

■ Kabelset mit Schnellsteckverbindern für den Anschluss ans Stromnetz. Das Anschlussgehäuse kann nicht geöffnet werden.

■ Die Drähte sind mit einem Kabelschuh ausgerüstet. Im Falle einer Abschattung eines Teils des Solarmoduls werden je 18 Zellen durch eine Bypass-Diode vor Überspannung geschützt. Um die Kabel vor mechanischen Belastungen zu schützen, müssen sie samt Ummantelung ins Gehäuse geführt werden.

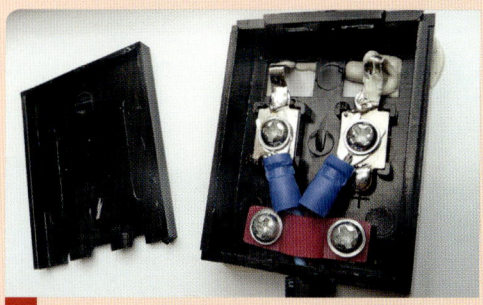

■ Wasserdicht: Das Anschlussgehäuse ist auf dem biegsamen Solarmodul aufgeschweißt. Diese Ausführung gibt es auch bei rahmenlosen und bei Klein-Modulen. Bei der Verbindung Kabel–Gehäuse kann langfristig ebenfalls ein Dichtigkeitsproblem entstehen.

■ Anschlussgehäuse eines kleinen Solarmoduls. Die Kabelschuhe sind mit Klemmen an den Polen angeschraubt. Der Schiebedeckel ist nicht wasserdicht und hat keine Kabelabdichtung.

Aufbau und Preisniveau

Es gibt heute Solarmodule unterschiedlichster Art, sogar Solarziegel, die in der Form normalen Dachziegeln gleichen. Hier sollen uns vor allem die folgenden Typen interessieren:

Solarmodul mit Rahmen: Die Zellen werden zwischen zwei Glasplatten oder zwischen einer vorderen Glasplatte und einer hinteren Kunststoffplatte geschützt; ein Aluminiumrahmen sorgt für Stabilität.

Solarmodul ohne Rahmen: Verstärktes Kunstharz ersetzt das Glas. Diese Module sind leicht und relativ dünn, aber auch 50–80 % teurer.

Dünnes Solarmodul: Amorphes Silizium auf einer Kunststoffunterlage. Sehr leicht und biegsam, aber doppelt so teuer.

Anschluss

Auf der Rückseite der Solarmodule befindet sich ein mehr oder weniger wasserdichtes Anschlussgehäuse für das elektrische Kabel. Module mit geringer Leistung (1–10 W_p) werden meist mit einem Anschlusskabel von 1,5–2 m Länge geliefert, das aus dem Anschlussgehäuse austritt. Ähnlich verhält es sich bei den Solarmodulen ohne Rahmen und den dünnen Solarmodulen, wobei sich das wasserdichte Anschlussgehäuse jedoch an der Vorderseite befindet.

Solarregler

Dieses elektronische Bauteil ist für Systeme mit Batterie (Akkumulator) unentbehrlich, um die frühzeitige Alterung oder sogar schnelle Zerstörung der Batterie zu vermeiden. Der Regler schützt die Batterie vor Überladung beziehungsweise vor Tiefentladung, das heißt, er hält die Spannung einer 12-V-Batterie zwischen 11,5 V und 14,5 V und blockiert den umgekehrten Stromfluss (von der Batterie zur Zelle), damit ein unnötiger Verbrauch vermieden wird. Sie können die nachfolgenden Regler kaufen:

Laderegler: Zur Regulierung und Begrenzung des Batterie-Ladestroms

Entladeregler: Zur Unterbrechung des Stromverbrauchs, um die Batterie nicht unter 70 % ihrer Kapazität zu entladen.

Lade-/Entladeregler: Da hier beide Funktionen vereint sind, ist dies der am weitesten verbreitete Typ.

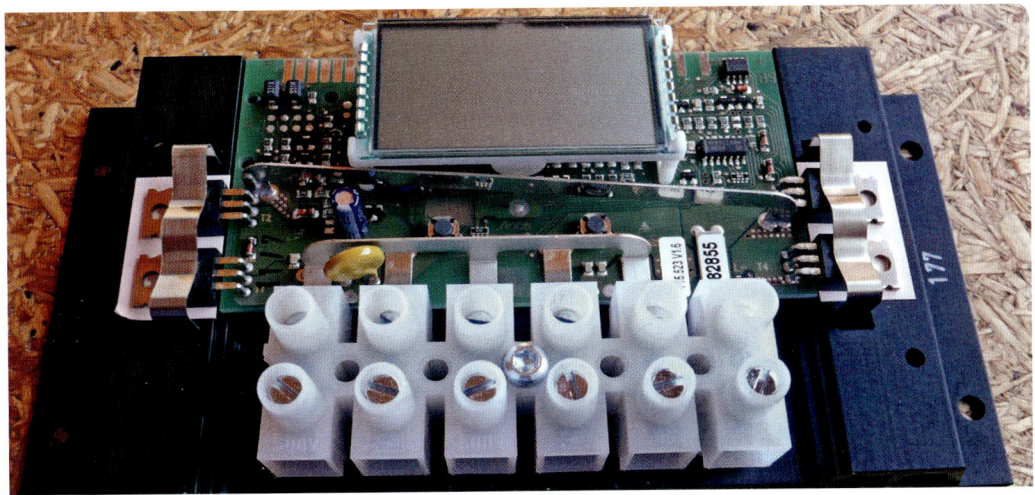

Es wird davon abgeraten, einen billigen Regler zu kaufen, da dies auf Dauer gesehen nicht wirtschaftlich ist. Intelligente Regler verfügen über einen Mikroprozessor, der zusätzlich zu den Basisfunktionen den Stromfluss auch folgendermaßen steuert:

Das Innenleben eines intelligenten Solarreglers.

- Für eine optimale Ladekurve (mit einem konstanten Stromfluss am Anfang und einer konstanten Spannung am Ende), um eine komplette Wiederaufladung der Batterie zu erreichen
- Zur Wahl des richtigen Typs (Blei-Säure- oder Blei-Gel-Batterie)

Oben zwei mikroprozessorgesteuerte Solarregler mit 10 A: der rechte speichert die Parameter und zeigt sie an. In der mittleren Reihe, von links nach rechts: zwei Basismodelle mit 5 A; rechts ein Laderegler mit 100 W (an diesen ist eine Digitalanzeige anschließbar). Unten: Links ein Laderegler mit 4 A und rechts ein Entladeregler mit 4 A.

- Zur Kompensation von Schwankungen der Umgebungstemperatur (dies ist für die Batterie wichtig, siehe unten)
- Zur Feinabstimmung des Reglers
- Zur Anzeige von Betriebsinformationen (Seite 182).

Die modernsten und zugleich teuersten Regler verfügen über die Funktion MPPT (= Maximum Power Point Tracking), die den Spitzenwert der Leistung des Moduls ermittelt und so die Energieausbeute um 20 bis 30 % erhöht.

Der Anschluss eines Reglers ist sehr einfach: Die Anschlussklemmen, zumeist doppelte Lüsterklemmen, sind mit einem Eingang „Solar", einem Ein-/Ausgang „Akku" und einem Ausgang „Verbraucher" ausgestattet, die durch eindeutige Symbole gekennzeichnet sind.

Batterien

Elektrochemische Batterien (Akkumulatoren) sind erste Wahl, wenn man die durch die Solarmodule erzeugte Elektrizität speichern möchte. Die Alternativen sind entweder nicht sehr zuverlässig, zu kompliziert im Gebrauch oder einfach zu teuer. Nickel-Cadmium-Batterien sollten wir gleich vergessen, weil sie relativ gefährlich sind. Wenn man dann noch Lithium-Ionen-Akkus außen vor lässt, da sie aufgrund der knappen Ressourcen sehr teuer sind, bleiben nur noch Bleibatterien übrig. Ihre Nachteile sind allerdings bekannt:
- Hohes Gewicht: 30 kg für eine 12-V-Batterie mit 100 Ah Kapazität
- Geringe Energiedichte: 30 Wh (0,03 kWh) Energie pro kg

Für Fotovoltaiksysteme geeignete Bleibatterien. Hinten, von links nach rechts: Gel-Batterie 6 V mit 180 Ah, wasserdichte Batterie 2 V mit 100 Ah, Flüssigbatterie 2 V mit 50 Ah, mit luftdurchlässigem Verschluss. Vorn, von links nach rechts: Säure-Batterie 12 V mit 100 Ah und drei Gel-Batterien mit 12 V und 24, 4,5 bzw. 7 Ah.

- Limitierte Lebensdauer: 300 bis 1500 Lade-/Entladevorgänge, je nach Technologie und Qualität
- Wirkungsgrad der Energiewiedergabe: 80 % bei einer neuen Batterie – mit zunehmendem Alter stetig abnehmend
- Automatische Entladung bei Nichtnutzung
- Umweltverschmutzung bei der Herstellung und schwierige Entsorgung
- Preissteigerungen der letzten Jahre.

Das hohe Gewicht spielt vor allem im Hinblick auf den Transport und den Einbau in die Systeme eine große Rolle.

Die Lebensdauer hängt von guter Pflege ab, das heißt guten Lade- und Entladevorgängen sowie vorschriftsmäßiger Wartung.

Am Ende der Lebensdauer einer solchen Batterie muss man sie ordnungsgemäß entsorgen. Entweder bei den ausgewiesenen Recyclinghöfen beziehungsweise speziellen öffentlichen Einrichtungen oder durch Verkauf an einen Metallwiederverwerter.

Die wichtigsten Batterietypen

Starterbatterien
Sie verfügen über dünne Bleiplatten (2,5 mm) als Elektroden, erbringen kurzfristig relativ hohe Ströme und werden ständig auf einem hohen Ladezustand gehalten (Autobatterien). Sie sind jedoch nicht besonders für ständige Lade- und Entladezyklen geeignet, weil sie durch Sulfatablagerungen recht schnell kaputtgehen. Für bestimmte Anwendungen mit einem geringen Stromverbrauch kann man sie dennoch verwenden. Man kauft dafür günstig gebrauchte Batterien, die man dann jedoch häufig ersetzen muss.

Stationäre Batterien
Ihre dickeren Bleiplattenelektroden (5 mm) ohne Kalzium und Antimon erlauben eine Verwendung mit ständigen Lade- und Entladezyklen. Es gibt sie in mehreren Ausfertigungen:

Blei-Säure-Batterie:
- Offene Batterie, Füllstand ist zu sehen. Wenn er absinkt, mit demineralisiertem Wasser auffüllen (starke Beanspruchung)
- Wasserdichte Batterie, mit Gasrekombination
- AGM (Absorbed Glass Mat): Die Elektrodenplatten sind zwischen Glasfaservliesen eingebaut, die flüssigen Elektrolyt enthalten. Dieser Typ ist ebenfalls wasserdicht, recht unempfindlich und verträgt einen höheren Lade- und Entladestrom sowie auch eine stärkere Entladung (80 %), ohne Schaden zu nehmen.

Blei-Gel-Batterie: Diese wasserdichten Batterien haben trotz des hohen Preises entscheidende Vorteile bei der Verwendung in Booten, Wohnmobilen oder in ständiger Nähe von Personen:

- Bei Beschädigung der Batterie kann der Elektrolyt nicht auslaufen. Die Batterie kann in allen Positionen eingebaut werden und länger entladen bleiben. Allerdings muss der Regler so eingestellt werden, dass eine Ladung mit überhöhter Spannung nach einer starken Entladung verhindert wird. Der Elektrolyt würde den Siedepunkt erreichen und die Batterie zerstören.
- Keine Wartung
- Kein Risiko, die Säure zu verschütten
- Keine Gasentwicklung während der Ladung wie bei anderen Typen (Sauerstoff beziehungsweise hauptsächlich explosiver Wasserstoff), die eine gute Belüftung erforderlich macht.

Anmerkung: Bei zwei der vorgestellten Systeme (Solarstromgenerator im Handkoffer und Außenbeleuchtung mit Bewegungsmelder, Seiten 120 und 134) habe ich aus zehn in Reihe geschalteten 1,2-V-NiMh-Akkus (Nickel-Metallhydrid) zwei Batterien mit 12 V Nennspannung gebaut. Sie funktionieren hervorragend und vertragen eine völlige Entladung.

Spannung und Kapazität

Diese Daten sind auf der Batterie angegeben:
Spannung in Volt (V): Normalerweise 6 bis 12 V (oder 24 V bei Lkw-Batterien). Gelegentlich auch nur 2 V für Elemente, die zum Erreichen der gewünschten Spannung in Reihe geschaltet werden (zum Beispiel sechs Elemente für 12 V), oder auch in einer kombinierten Reihen- und Parallelschaltung für höhere Spannungen und Kapazitäten.

Unten links: Die Batterien im „Haus der Sonne". Die vier AGM-Batterien mit 12 V auf dem Boden (Reihen- und Parallelschaltung) werden die 24-V-Batterie (zwölf Flüssigelektrolyt-Elemente mit 2 V, in Reihe) auf dem Gestell am Ende ihrer Lebensdauer ersetzen.

Unten rechts: 24-V-Batterie (zwölf Module mit 2 V, in Reihe) mit hoher Kapazität: 2500 Ah. In einer belüfteten Kiste eingeschlossen versorgt sie ein abgelegenes Gebäude in Französisch-Guayana.

Reihen- beziehungsweise Parallelschaltung zweier gleicher Batterien

Es ist von Vorteil, nur eine Batterie mit der passenden Spannung und/oder Kapazität zu haben – je nach Einkaufsquelle ist dies aber leider nicht immer möglich. So kann man sich behelfen:

Um die Spannung einer Batterie zu verdoppeln, schaltet man eine zweite in Reihe: Man schließt den Pluspol der einen an den Minuspol der anderen an. Dadurch addieren sich die Spannungen, zum Beispiel von 12,5 auf 25 V, aber die Kapazität bleibt dieselbe: Man erhält so eine Batterie von 24 V mit 5 Ah.

Um die Kapazität zu verdoppeln, schaltet man eine zweite Batterie parallel: Man verbindet die Pluspole miteinander, genauso wie die Minuspole. Die Kapazitäten addieren sich, aber die Spannung bleibt bei 12,5 V: Man hat eine Batterie von 12 V mit 10 Ah.

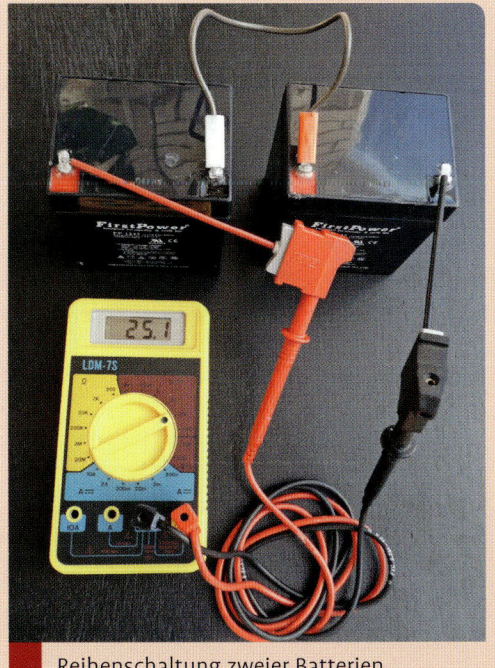

Reihenschaltung zweier Batterien.

Parallelschaltung der beiden Batterien.

Kapazität in Amperestunden (Ah): Sie beschreibt die über einen bestimmten Zeitraum zu „ziehende" Stromstärke (Energie pro Zeiteinheit), zum Beispiel 20 Stunden (C20) oder 100 Stunden (C100). Diese Zahl stellt eine ungefähre Angabe dar, die von folgenden Faktoren abhängt:
Alter und Zustand der Batterie
Temperatur (Kapazitätserhöhung mit der Temperatur, bis 45 °C)
Art und Weise der Entladung: Je höher die gezogene Stromstärke, desto stärker verringert sich die Kapazität (und umgekehrt).

Eine Batterie vom Typ 100 Ah C20 leistet also beispielsweise:
- 100 Ah bei einem Entladestrom von 5 A über 20 h
- 80 Ah bei einem Entladestrom von 8 A über 10 h
- 150 Ah bei einem Entladestrom von 1,5 A über 100 h

Es wird davon abgeraten, eine Batterie in weniger als 10 Stunden zu entladen.

Die maximale Entladung hängt von der Technologie und dem Zustand der Batterie ab. In den meisten Fällen wird empfohlen, 50 % der Kapazität nicht zu unterschreiten (80 % für AGM-Typen, soweit es der Regler erlaubt).

Beim Ladevorgang darf der Strom im Allgemeinen 30 % der Batteriekapazität in Ah nicht übersteigen, das heißt also 30 A für eine Batterie mit 100 Ah. AGM-Batterien vertragen auch einen höheren Ladestrom.

Ladungskontrolle

Die beste Methode ist das Messen der Elektrolytdichte durch Säuremessung. Da der Zugang zum Elektrolyt jedoch, besonders bei wasserdichten Batterien, schwierig ist und nur die modernsten Regler über ein Amperestundenmeter verfügen, bleibt oftmals nur die Spannungsmessung. Sie finden in der nachstehenden Tabelle einige Werte für Batterien im Ruhezustand bei 20 °C.

Temperatureinfluss: Der Zusammenhang zwischen Spannung und Ladung hängt von der Umgebungstemperatur ab: Die Spannung erhöht sich um 0,03 V pro °C. Somit beträgt die Spannung einer vollständig ge-

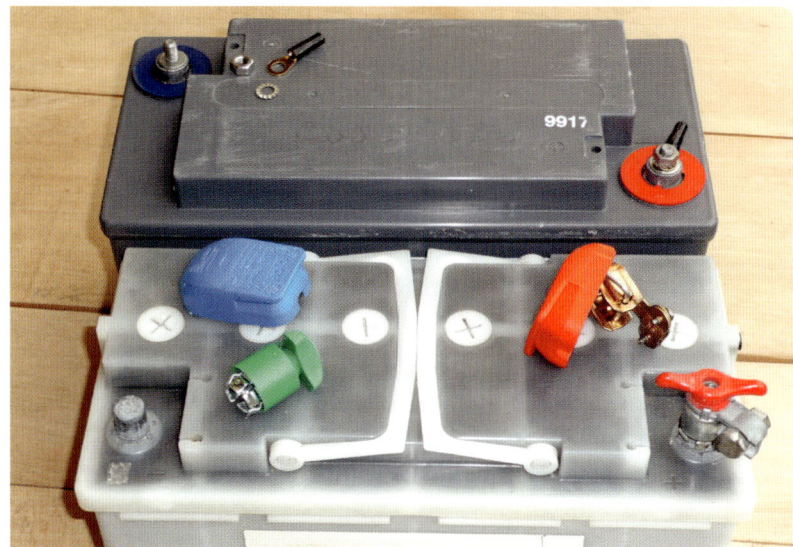

Zwei Arten von Batterieanschlüssen. Hinten: Ringkabelschuhe, die auf das Anschlusskabel gequetscht werden. Auf der Batterieseite wird der Ring (die Öse) über den Gewindebolzen gelegt und mit einer Unterlegscheibe und Mutter festgezogen. Vorn: Kabelschuhe zum Festziehen an der Bleiklemme und Schnellverschluss-Kabelschuhe mit Clip-Hebel.

ladenen Blei-Säure-Batterie 12 V bei 0 °C, 12,6 V bei 20 °C und 12,9 V bei 30 °C. Deshalb ist, vor allem im Winter, der Standort wichtig, weil die Batteriekapazität mit der Spannung abnimmt. Hierin liegt ein weiterer Vorteil der modernen wasserdichten Batterien, weil man sie bei Kälte nicht an einem unbeheizten, belüfteten Ort aufstellen muss.

Anschlusstechnik

Für einen guten Stromfluss zwischen Batterie und den anderen Bauteilen des Systems ist die Güte der Anschlussleitungen und die feste Verschraubung der Kabelschuhe auf den Anschlussklemmen der Batterie sehr wichtig. Dies gilt auch für die Einhaltung der Kabelquerschnitte, da in diesem Teil des Stromkreises die stärksten Ströme fließen (Seite 29).

Links: Hier werden die Ringkabelschuhe (mit normalen Unterlegscheiben und Sicherungsscheiben) mit den Schrauben im Gewinde der Batterieklemmen festgezogen.

Rechts: Zwei Anschlussmöglichkeiten für kleine Batterien. Hinten: Ringkabelschuhe, die mit Schraube und Mutter an der Batterieklemmenöse verschraubt werden. Vorn: flache Kabelschuhe zum Aufstecken auf die zungenförmigen Anschlussklemmen der Batterie.

	Spannung bei 100 % Ladung (V)	Spannung bei 50 % Entladung (V)	Spannung bei 80 % Entladung (V)
Blei-Säure-Batterie	12,6	12,1	11,8
AGM-Batterie	12,6	12,2	11,5
Blei-Gel-Batterie	12,8	12,2	11,5

ACHTUNG

Es ist äußerst wichtig, die Klemmen der Batterie und die Anschlüsse wenigstens mit gutem Isolierband ordentlich zu isolieren, um einen Kontakt mit Metallgegenständen zu vermeiden. Ein Kurzschluss birgt nicht nur die Gefahr, dass die Batterie zerstört wird, sie kann dabei auch explodieren!

Spannungswandler

Palette der Wechselrichter von 12 bis 230 V. Nur das Modell hinten links ist ein leistungsfähiges Gerät mit Sinuskurve und wurde für die auf den Seiten 172, 186 und 190 vorgestellten Systeme verwendet. Die Miniaturausführungen vorn und rechts können an den Zigarettenanzünder im Auto angeschlossen werden.

Spannungswandler (auch Spannungskonverter genannt) sind notwendig, um Verbraucher mit anderen Spannungen als der von der Batterie gelieferten zu betreiben. Es gibt zwei unterschiedliche Konverterarten:

Aufwärts- und Abwärtswandler. Die besten Wandler sind elektronische Schaltnetzteile, da sie einen guten Wirkungsgrad besitzen. Einige Typen bieten sogar mehrere Ausgangsspannungen an, so dass man zum Beispiel ein Notebook (meist mit 18 V Eingangsspannung) ohne das dazugehörige Netzteil direkt anschließen kann.

Wechselrichter, die die niedrige, von der Batterie gelieferte Gleichspannung (12 oder 24 V) in eine Wechselspannung von 230 V, 50 Hz umwandeln, an die man wiederum die meisten elektrischen Geräte anschließen kann. Es gibt zwei verschiedene Arten von Wechselrichtern:

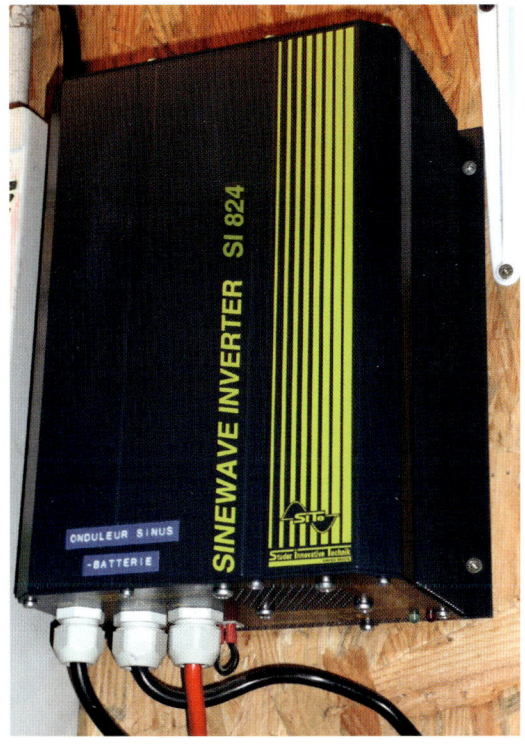

Pseudosinus-Wechselrichter: Die Wellenform entspricht einem etwas verbesserten Rechtecksignal, mit einem geringeren Anteil aggressiver Oberwellen. Sie sind einfach gebaut und meist nicht sehr leistungsfähig, dafür aber preisgünstig. Für bestimmte Geräte (Stromregler bei Leuchtstofflampen oder Elektromotoren) sind sie weniger geeignet, da sie Erwärmung oder ein Brummen verursachen können.

Sinuswechselrichter: Der Verlauf der Spannung ist echt sinusförmig, wie unsere Netzspannung. Weitere Vorteile sind ein hoher Wirkungs-

Links: Sinuswechselrichter mit 800 W. Im „Haus der Sonne" versorgt er den Kühlschrank mittels einer 24-V-Batterie.

Rechts oben: Ein Abwärtswandler von 24 auf 12 V Gleichspannung mit einem niedrigen Wirkungsgrad.

Rechts unten: Dieses Schaltnetzteil kann an einem 12-V-Anschluss betrieben werden. Am Ausgang werden vier stabilisierte Spannungen zwischen 6 und 12 V angeboten.

> ### ACHTUNG
>
> **Sicherheit**
> An einem kleinen Wechselrichter für Geräte ohne Erdleitung (Fernseher, Computer, CD-Spieler usw.) ist weder ein FI-Schutzschalter mit 30 mA noch eine Erdleitung notwendig.
> Für Geräte höherer Leistungen in Innenräumen ist es sicherer, den Wechselrichter sowie die Waschmaschine oder den Kühlschrank auf ein gemeinsames Massepotenzial zu legen, falls bei einem der Geräte ein Isolationsdefekt auftritt.

grad von 90 %, sogar bei geringer Auslastung (10 % der Nominalleistung), eine hohe Überlastungstoleranz von kurzfristig 200 bis 300 % (interessant beispielsweise für einen Kühlschrankkompressor, der beim Anlaufen eine hohe Spitzenleistung benötigt) sowie der sehr geringe Verbrauch im Leerlauf oder im Stand-by-Betrieb. Es ist natür-

Wiederverwendung eines Wechselrichters

Wenn Sie die Möglichkeit haben, einen elektronischen Wechselrichter wiederzuverwenden, können Sie sich einen kostenlosen Wechselrichter für den Einbau in Ihre Fotovoltaikanlage oder in Ihr Fahrzeug basteln. Häufig sind solche Geräte nur deshalb defekt, weil die eingebaute 12-V-Blei-Gel-Batterie nicht mehr funktioniert – der Wechselrichter ist meist jedoch einwandfrei. Trennen Sie den Wechselrichter von seiner Stromquelle und öffnen Sie das Gehäuse. Überprüfen Sie die Spannung der Batterie: Wenn sie 0 V aufweist, ist sie leer. (Sie können jedoch eine Wiederaufladung versuchen.) Klemmen Sie die Batterie und die nicht benötigten Anschlüsse ab. Behalten Sie den Ein-Aus-Schalter

und eine Ausgangssteckdose mit 230 V. Da das Netzteil nicht mehr benötigt wird, kann der Wechselrichter als klassisches Modell verwendet werden. Schließen Sie die wieder aufgeladene Batterie (oder eine andere) an und legen Sie den Schalter um. Falls der Wechselrichter ein knisterndes oder zirpendes Geräusch von sich gibt, funktioniert er wahrscheinlich: Schließen Sie dann eine Lampe mit 230 V an der Steckdose an. Mit ein bisschen Glück leuchtet sie! Sie müssen nun noch den Alarmpiepser abklemmen (der Ihnen unaufhörlich anzeigt, dass der Wechselrichter von der Batterie gespeist wird). Nun können Sie die Schaltung in ein neues Gehäuse einbauen.

Ein geöffneter elektronischer Wechselrichter.

Nach Entfernen der unnötigen Elemente wird der Wechselrichter zum Testen an eine andere Batterie angeschlossen.

lich eine Grundvoraussetzung, dass der Wechselrichter selbst nur einen minimalen Anteil der erzeugten Solarenergie benötigt.

Die Kapazität der Batterie muss zur Leistung des Wechselrichters passen: 2 Ah für 10 W, das heißt ein Wechselrichter von 500 W Maximalleistung für eine Batterie von 100 Ah. Um den Spannungsabfall in den Netzkabeln zu begrenzen und den Ausgangsstrom am Solarregler konstant zu halten, muss der Wechselrichter ab einer Leistung von 200 W direkt an die Batterie angeschlossen werden. Dies verursacht zwei Probleme:

- Der Regler erkennt diesen Verbrauch nicht und zeigt einen falschen Ladungszustand der Batterie an (SOC = State of Charge, Seite 183). In diesem Fall muss man sich an der Spannung orientieren.
- Die Sicherheitsschwelle für den unteren Spannungswert des Wechselrichters ist manchmal etwas zu niedrig eingestellt, so dass die Abschaltung zu spät erfolgt. Deshalb ist die Überwachung der Spannung sehr wichtig: Wenn sie unter die 12-V- beziehungsweise 24-V-Marke fällt, muss der Verbrauch reduziert werden!

Lampen

In einem Fotovoltaiksystem verbietet es sich natürlich, Glühbirnen mit ihrem Leucht-Wirkungsgrad von nur 5 % (etwas mehr bei Halogenleuchten) einzusetzen. Für die Beleuchtung bleiben also die folgenden beiden Typen übrig:

Lampen mit einer oder mehreren LEDs mit 12 V und 230 V. Ihre Leistung reicht von 20 mW (0,02 W für eine LED, vorn in der Mitte) bis 5 W für die beiden Lampen oben rechts mit Aluminiumkühlung.

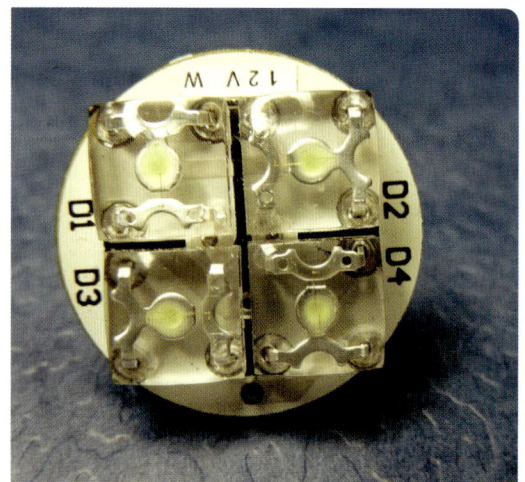 

Links: Lampe mit vier LEDs, 12 V – 1 W.

Rechts: Rückseite derselben Lampe mit passender Keramikfassung.

Leuchtstofflampen (Leuchtstoffröhren und Energiesparlampen, Seiten 122 und 128), die einen vier- bis fünfmal so hohen Wirkungsgrad aufweisen.

LED-Lampen (Leuchtdioden), die mittlerweile enorm weiterentwickelt wurden und zweifellos die Beleuchtung der Zukunft darstellen.

Zwischenzeitlich findet man Modelle mit einer Leistungsaufnahme von 5 W, die dieselbe Lichtleistung bieten wie 20-W-Glühbirnen. Ihre Leuchtkraft ist zwar noch verbesserungsfähig und der Preis etwas hoch, aber sie bieten dennoch Vorteile:

• Eine Lebensdauer von 50 000 Stunden (also 5- bis 50-mal mehr als Leuchtstoff- beziehungsweise Glühlampen)
• Sofortiges Aufleuchten
• Unempfindlichkeit gegen Stöße.

Wenn ein Wechselrichter in der Fotovoltaikanlage installiert ist, kann man Lampen mit 230 V verwenden. Jedoch ist es besser, Lampen mit 12 V Gleichspannung einzusetzen:

• Man verhindert Verluste beim Wechselrichter, auch wenn sie nur gering sind.
• Man schließt das Risiko eines Stromschlags aus.
• Man minimiert die Umweltbelastung durch elektromagnetische Felder.

Elektrische Kabel

Um die Montage einfacher zu machen, ist es empfehlenswert, kunst-
stoffummantelte Kabel mit Einzeldrähten (Litzen) zu verwenden:
• Biegsamkeit
• guter Schutz der Drähte
• einfache Montage: Man muss diese Kabel nicht in Leerrohre oder
  Kabelkanäle verlegen, sondern es reichen Kabelklemmen aus.

Maximale Länge der Elektrokabel in Meter (je nach Querschnitt und
Leistung) für eine Spannung von 12 V, mit einem geringen Verlust
von 5 %.

Leistung (W)	Stromstärke (A)	2 × 1,5 mm²	2 × 2,5 mm²	2 × 4 mm²	2 × 6 mm²
10	0,8	12	19,4	31,4	46
50	4,2	6	9,7	15,7	23
100	8,3	3	4,8	7,8	11,6
150	12,5	2	3,2	5,2	7,7
200	16,6		2,4	3,9	5,8
250	20,8			3,1	4,6
300	25			2,6	3,8
350	29,2			2,2	3,3
400	33,3				2,9
450	37,5				2,6
500	41,6				

Unter www.e-gerlach.de können Sie ein Freeware-Programm herun-
terladen, das die Querschnitte berechnet.

So gelingt die Montage

Selbst wenn Sie noch nie mit elektrischen Bauteilen gearbeitet haben, können Sie ohne größere Schwierigkeiten die hier vorgestellten Systeme bauen. Sie brauchen nur ein paar Grundregeln und Ratschläge zu befolgen.

Der Autor bei der Montage eines kleinen Solarsystems.

Elektrowerkzeug

Bei den nachfolgenden Bauanleitungen wird unter der Rubrik „Werkzeug" meist *Einfaches Elektrowerkzeug* erwähnt. Dabei handelt es sich um die folgenden Werkzeuge, von denen einige auf jeden Fall notwendig sind:

1 Elektroschraubendreher, isoliert
2 Teppichmesser oder Cutter
3 Seitenschneider
4 Crimpzange für die elektrischen Kabelschuhe
5 elektrischer Lötkolben und Lötzinn
6 Multimeter (digital, in der Nutzung am einfachsten)

Die folgenden Werkzeuge sind nicht unbedingt notwendig, aber nützlich und zeitsparend.

7 Kabelmesser
8 Abisolierzangen
9 Stromzange

Einfaches Elektrowerkzeug.

Einfache elektrische Arbeiten

Elektrische Kabel abisolieren

Die Ummantelung der Kabel wird auf ein paar Zentimeter Länge entfernt, um die innen liegenden Kabeladern freizulegen.

Die klassische Methode

1   Schlitzen Sie die Ummantelung mit dem Cutter (Teppichmesser) über die freizulegende Länge auf (ein bisschen schräg, um die Drähte nicht zu beschädigen). Stets von den Fingern weg schneiden!

2+3   Legen Sie die Drähte frei und biegen Sie sie ein wenig um. Entfernen Sie die geschlitzte Ummantelung mit dem Seitenschneider.

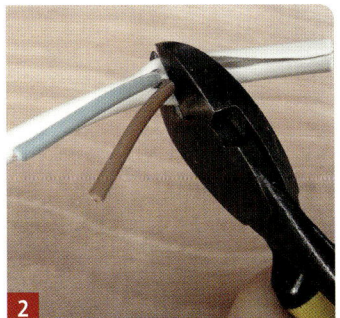
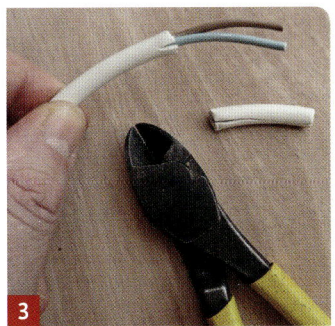

INFO

Wichtige Anmerkungen

Verzinnen Sie auf alle Fälle das abisolierte Stück von elektrischen Drähten bei Anlagen in feuchten Umgebungen oder erst recht in einer Umgebung mit salzhaltiger Luft (Seite 35).

Für gute elektrische Kontakte müssen Sie die Schrauben an den Anschlüssen (Lüsterklemmen, Schalter, Klemmleisten des Solarmoduls oder Reglers) fest anziehen.

Beachten Sie die Polarität der Leitungsanschlüsse der elektrischen Kabel: rot, braun oder schwarz für den Pluspol, blau oder braun für den Minuspol (wenn der Draht für den Pluspol braun ist, ist der Draht für den Minuspol blau).

Schützen Sie die Klemmen der Batterien durch Kunststoffkappen oder mehrere Schichten Isolierband, um einen Kurzschluss zu vermeiden, da ansonsten Explosionsgefahr besteht!

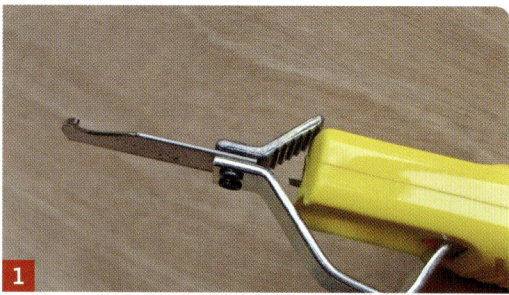

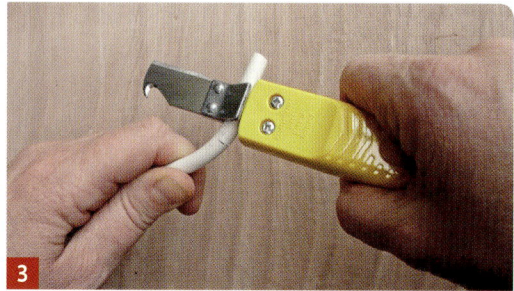

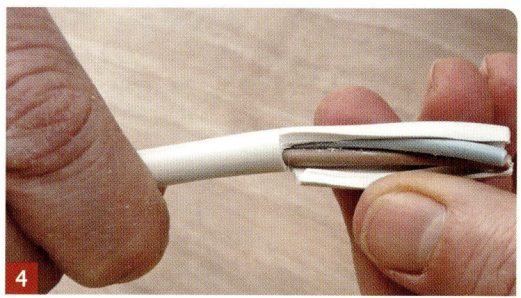

Die schnelle Methode mit dem Kabelmesser

1   Beim Kabelmesser mit Stellschraube (siehe Foto mit den Werkzeu-
    gen) stellen Sie die Schnitttiefe ein: Die kleine Klinge kann etwas
    mehr oder weniger ausgefahren werden.
2   Drücken Sie auf den Hebel und legen Sie das Kabel ein. Führen
    Sie zwei Drehungen mit der Zange um das Kabel herum aus.
3   Ziehen Sie die Zange bis zum Kabelende heraus.
4   Nehmen Sie die geschlitzte Ummantelung ab.

Eine Ader abisolieren

Die klassische Methode

1   Schneiden Sie die Ummantelung durch eine Umdrehung des Cut-
    ters auf.
2   Ziehen Sie das Ummantelungsstück herunter. Ein Trick: Drehen
    Sie es dabei, um die Litze gleichzeitig zu verdrillen (Abb. 2).

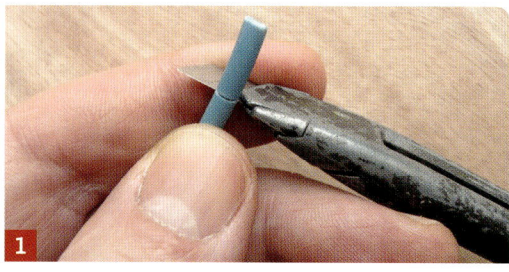

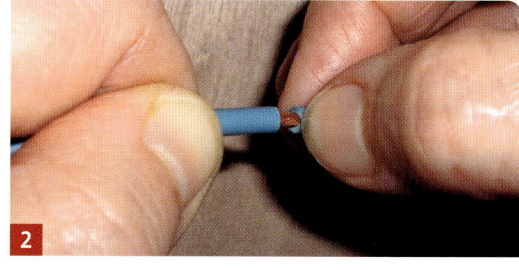

Die schnelle Methode mit der Abisolierzange

1 Legen Sie den Draht zwischen die Backen: Wählen Sie je nach Durchmesser den Abstand der Zähne.
2 Pressen Sie die Zange zusammen: Die Ummantelung wird geschnitten und entfernt.
3 Öffnen Sie die Zange, um den Draht freizugeben.

Verdrillen und verzinnen der Litzen

(für einen besseren elektrischen Kontakt)

1 Drehen Sie beim Abziehen der Kunststoffummantelung oder danach die Adern zwischen Daumen und Zeigefinger.
2 Schließen Sie den Lötkolben an und lassen Sie ihn heiß werden. Zum Testen der richtigen Temperatur schmelzen Sie ein wenig Lötzinn auf der Lötspitze. Wenn sie raucht und kleine Tröpfchen abwirft, ist der Lötkolben betriebsbereit.

Zwei abisolierte Litzen. Die Kupferdrähte links wurden bereits beim Hersteller verzinnt. Sie oxidieren nicht, sind aber teurer.

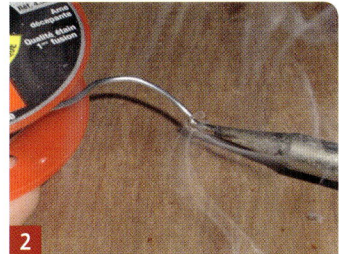
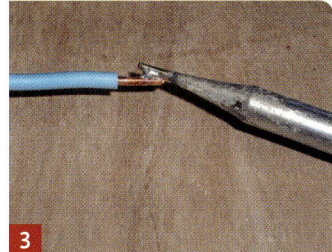

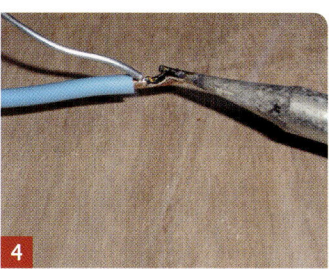
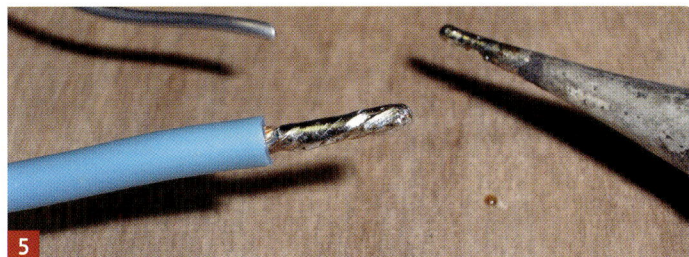

3 Legen Sie die Lötspitze an den abisolierten Teil des Drahtes und warten Sie, bis sie den Draht erhitzt hat.
4 Lassen Sie etwas Lötzinn auf den heißen Kupferadern schmelzen. Die Kapillarwirkung sorgt dafür, dass das Lötmittel zwischen die Adern fließt.
5 Legen Sie den Lötkolben beiseite und lassen Sie die Lötstelle abkühlen. Die Kupferadern sind nun miteinander verlötet und können nicht oxidieren.

Anlöten einer Ader auf einer Leiterplatte

(beziehungsweise Verlöten mit einem anderen Draht oder einem Metallteil)
1 Verzinnen Sie das Adernende und das Teil, an dem es angebracht werden soll (wie oben beschrieben).
2 Bringen Sie die zwei Teile, die zusammengelötet werden sollen, in Kontakt zueinander. Legen Sie den heißen Lötkolben an die Teile an und warten Sie, bis das Zinn geschmolzen ist.
3 Entfernen Sie den Lötkolben und lassen Sie die Lötstelle abkühlen. Nun ist der elektrische Kontakt einwandfrei und die Verbindung fest.

 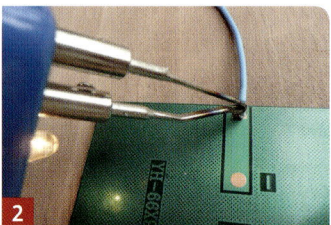 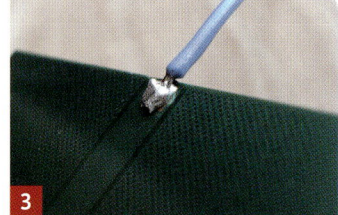

Quetschverbindung mit einem Kabelschuh

1 Isolieren Sie die Ader in der Länge der Kabelschuhverbindung (meist 1 cm) ab.
2 Schieben Sie die Ader bis zum Anschlag in den Kabelschuh ein. Klemmen Sie nun den Kabelschuh zwischen die Backen der Crimpzange (wählen Sie anhand der Farbe die richtigen Zähne aus).

3   Halten Sie die Ader gut fest und pressen Sie die Zange stark zusammen (eventuell mit beiden Händen), um den Kabelschuh und die Adern gut miteinander zu verbinden. Um zu testen, ob die Verbindung hält, ziehen Sie am Kabelschuh – er darf sich nicht lösen.

Umgang mit dem Digitalmultimeter

Messen einer Gleichspannung
Schalten Sie das Multimeter an, stellen Sie es auf Voltmeter:
- Prüfkabel zur Messung anschließen: das schwarze an die COM-(Common-)Buchse und das rote an die V-(Volt-)Buchse.
- Drehen Sie den Bereichswahlschalter auf V= im Bereich der zu messenden Spannung.

Stellen Sie zwischen den Messspitzen der Prüfkabel den Kontakt mit den Plus- und den Minuspolen der Stromquelle her (Batteriepole/Akkus, Klemmen der Solarmodule usw.): Der Messwert wird angezeigt. Falls es sich um eine Folge von Nullen handelt, liegt die Spannung über dem gewählten Bereich: Drehen Sie den Wählschalter um eine Stufe und wechseln Sie zum Beispiel von 2 auf 20 V. Wenn das Multimeter ein Minuszeichen vor den Zahlen anzeigt, dann haben Sie Anschlusspole verwechselt.

Messen einer Wechselspannung
Der Ablauf ist derselbe, aber der Bereichswahlschalter wird auf V~ gedreht (achten Sie darauf, nicht die Messspitzen der Prüfkabel zu berühren, denn beim Kontakt mit 230 V Wechselspannung besteht die Gefahr eines tödlichen Stromschlags!)

Messen von Gleichstrom
Zum Beispiel den einer Lampe, die an eine Batterie angeschlossen ist.

Klassische Methode: Vergewissern Sie sich, dass der Gleichstrom 10 A nicht übersteigen kann, das heißt eine maximale Leistung von 120 W bei 12 V. Falls dies versehentlich doch passiert, müssen Sie die interne Sicherung des Multimeters auswechseln.
Schalten Sie das Multimeter ein und stellen Sie es auf Amperemeter:
- Drehen Sie den Bereichswahlschalter auf A= (Bereich bis 10 A).
- Prüfkabel: Schließen Sie das schwarze an die COM-Buchse und das rote an die 10-A-Buchse an; stecken Sie die Klemmprüfspitzen auf und klemmen Sie dann die schwarze Klemmprüfspitze an den Minuspol der Batterie an und die rote an einen der Drähte der Lampe.

Schließen Sie den Schaltkreis, indem Sie den anderen Draht der Lampe an den Pluspol der Batterie halten: Der Messwert wird angezeigt.

Oben links:
Gleichspannungsmes-
sung mit dem digitalen
Multimeter.

Oben rechts:
Benutzen der Klemm-
prüfspitzen.

Rechts:
Strommessung mit
dem Multimeter und
der Amperemeter-
Stromzange.

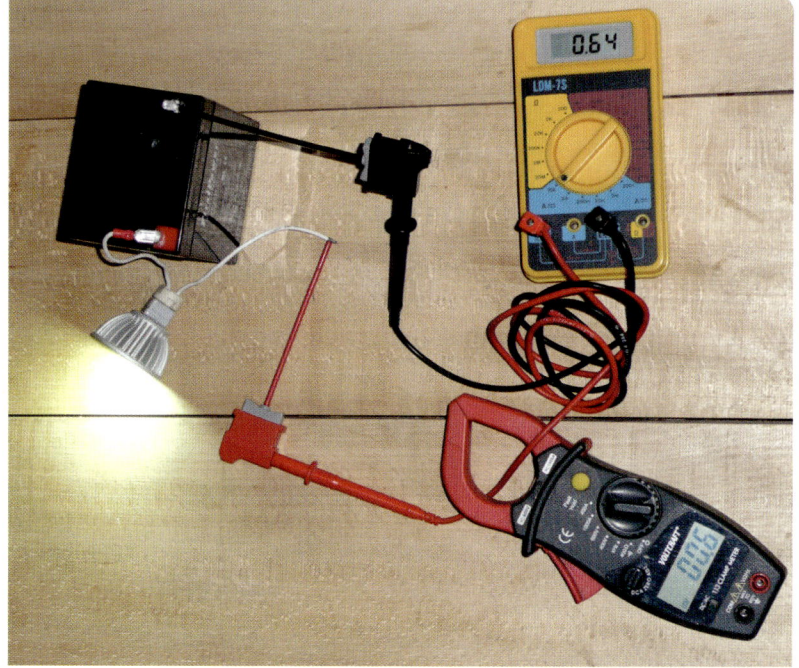

Schnelle Methode mit der Amperemeter-Stromzange (dies erlaubt die Messung eines Schaltkreises, ohne die Drähte abzuklemmen):
- Schalten Sie die Zange ein.
- Stellen Sie den Bereichswahlschalter bei DC/AC auf DC (Direct Current = Gleichstrom) und wählen Sie den höchsten Messbereich (zum Beispiel 400 A).
- Stellen Sie das Gerät mit dem kleinen Drehknopf auf null.
- Öffnen Sie die Zange durch Drücken des seitlichen Hebels.
- Schließen Sie die Zange auf dem entsprechenden Draht und der Messwert wird angezeigt.

Dimensionieren eines Solargenerators

Ein Generator ist richtig dimensioniert, wenn er unter allen Betriebsbedingungen die gewünschte Strommenge liefert. Dazu beschreiben wir hier eine etwas vereinfachte, aber erprobte Methode. Unabhängig von der benötigten Leistung muss man in der richtigen Reihenfolge vorgehen und zunächst einmal die elektrischen Anforderungen erfassen.

Berechnen des täglichen Bedarfs

So berechnen Sie Ihren Energiebedarf: Zählen Sie den Verbrauch der elektrischen Geräte zusammmen, indem Sie ihre Leistungen (nach Herstellerangabe oder nach Messung) mit der Dauer der Betriebsstunden multiplizieren.

INFO

Beispielrechnung für ein Wohnmobil (Seite 190)
2 Leuchtstoffröhren: 2 × 16 W × 0,5 h = 16 Wh
Energiesparlampe: 10 W × 3 h = 30 Wh
LED-Spot: 3 W × 2 h = 6 Wh
Halogenspot: 10 W × 1 h = 10 Wh
2 Pumpen: 2 × 25 W × 0,10 h = 5 Wh

Ventilator: 10 W × 0,5 h = 5 Wh
Kühlschrank: 12 W × 14 h = 168 Wh
Wechselrichter (Wirkungsgrad 90 %) zum Speisen des Notebooks (40 W × 2 h = 80 Wh) und einer kleinen Stereoanlage: 20 W × 2 h = 40 Wh.
Gesamt: 360 Wh (0,36 kWh).

Festlegen der Batteriekapazität

Teilen Sie den berechneten Verbrauch durch die Spannung der Batterie (12 V), und Sie erhalten 30 Ah.
Da die Batterie nicht regelmäßig auf unter 50 % entladen werden sollte, multiplizieren Sie die zunächst berechnete Kapazität mit 2: $2 \times 30 = 60$ Ah.

Diese Kapazität reicht jedoch höchstens für 24 Stunden aus. Im Winter kann die Sonne manchmal tagelang verdeckt sein. Also muss die berechnete Kapazität mit der Anzahl der Tage, an denen man vom Netzstrom unabhängig sein möchte, multipliziert werden. Somit für 3 Tage: $3 \times 60 = 180$ Ah.

Berechnen der Solarmodulleistung

Um die Batterie an einem sonnigen Tag wieder komplett aufzuladen, muss das Modul die gleiche Menge Energie liefern, die in 24 Stunden verbraucht wird. Die Erfahrung zeigt, dass ein Solarmodul in Deutschland durchschnittlich den Gegenwert seiner Nennleistung (W_p) in drei Stunden produziert – im Sommer das Doppelte, im Winter jedoch nur die Hälfte. Für die Produktion von 360 Wh benötigt man also ein Modul mit $360 : 3 = 120$ W_p. Schlauerweise sollte man mit einem leistungsfähigeren Modul einen zusätzlichen Spielraum einkalkulieren.

Optimieren der Dimensionierung

Wenn Sie den Generator auch im Winter benutzen, dann verdoppeln Sie die Leistung des Moduls. Neben dem höheren Preis ist der Hauptnachteil hiervon jedoch die Strom-Überproduktion im Sommer: Aufgrund der geringeren Beleuchtungsdauer wird dann ja weniger Energie benötigt. Die Lösung hierzu könnte ein kleiner Stromgenerator sein, der in Verbindung mit einem Laderegler eine Auto- oder Bootsbatterie wieder aufladen kann.

Wenn Sie den Generator nur im Sommer nutzen möchten, dann teilen Sie die Leistung des Moduls durch 2 (hier also 60 W_p). Dies verringert den Preis, und Sie benötigen keinen überdimensionierten Generator.

Linke Seite: Solarstromgenerator im Handkoffer: Demonstrationsanlage einer französischen Umweltorganisation.

Ausrichtung und Neigungswinkel des Moduls

Die Produktion des Solarmoduls ist am höchsten, wenn die Sonnenstrahlen senkrecht auf seine Oberfläche treffen. Die meisten Module werden fest installiert. Daraus folgt jedoch, dass die Bedingungen zur Nutzung der Sonneneinstrahlung nicht immer optimal sind, weil

- die Sonne während des Tages um 15° pro Stunde von Ost nach West wandert und
- sich der Einfallswinkel zwischen Sommer (60 bis 65°) und Winter (13 bis 18°) stark verändert (diese Werte gelten für 12.00 Uhr mittags in der Winter- und 13.00 h in der Sommerzeit).

Für eine optimale Energieerzeugung ist eine Ausrichtung gegen Süden mit einer Neigung von 30° am besten. Wegen des Anteils an diffusem Licht (dunstige Atmosphäre) ist der Produktionsverlust bei schlechten Bedingungen gar nicht so hoch, solange kein Schatten auf die Zellen fällt. Der Verlust beträgt etwa:

- 7 % bei horizontaler Montage (unabhängig von der Ausrichtung)
- 4 % (Ausrichtung nach SO oder SW) bis 10 % (Ausrichtung nach O oder W) bei 30° Neigung
- 9 % bei Ausrichtung nach S, 12 % bei Ausrichtung nach SO oder SW und 22 % bei Ausrichtung nach O oder W und 60° Neigung

Allerdings sollte von der vertikalen Montage abgesehen werden, da dies zu einem Verlust von 30 % (Süd) bis 50 % (O oder W) führen kann (Quelle: www.energiesparen-im-haushalt.de).

Rechte Seite: Der geringe Neigungswinkel (22°) des im „Haus der Sonne" an das Stromnetz angeschlossenen Mini-Kraftwerks ist besonders günstig für die Stromerzeugung im Sommer.

ACHTUNG

Sicherheitsbestimmungen

Aufgrund der sehr niedrigen Spannung von 12 bis 24 V besteht bei den meisten Anlagen nicht die Gefahr eines Stromschlags. Bei Systemen mit Wechselrichter beachten Sie bitte die Sicherheitsbestimmungen im Umgang mit haushaltsüblichen Wechselspannungen.
Seien Sie auch mit Batterien vorsichtig, vor allem mit denen, die flüssigen Elektrolyt (Schwefelsäure) enthalten.

Schützen Sie hauptsächlich die Klemmen, um jedes Kurzschlussrisiko auszuschließen, da dies sehr gefährlich sein kann (Seiten 18 bis 23).
Dennoch gibt es keine 100%ige Sicherheit. Deshalb kann weder der Autor noch der Verlag die Haftung für eventuell aus der Montage oder der Nutzung der hier vorgestellten Systeme entstehende Schäden übernehmen.

Für eine jahreszeitliche Nutzung ergibt sich ein anderes Bild:
- Im Sommer ist die waagrechte Montage oder eine Neigung von 30 % nach wie vor optimal.
- Im Winter sollte man das Modul zwischen 45 und 60° neigen, um den tieferen Sonnenstand zu kompensieren. Dies führt zu einem Gewinn von 30 bis 40 %.

Ideal wäre es, den Neigungswinkel des Moduls je nach Jahreszeit zu ändern oder sogar dem täglichen Sonnenstand mit einem Tracker (Nachführsystem) zu folgen (Seiten 90 und 102).

Der starke Neigungswinkel des Solarmoduls dieser solarbetriebenen Laterne optimiert die Energieerzeugung in den Wintermonaten.

Hinweise zu den Bauanleitungen

Einsatzmöglichkeiten der Solaranlagen
Wir haben versucht, in diesem Buch die die Sonne direkt nutzenden Systeme in den Vordergrund zu stellen. Dennoch stellen wir auch einige Anlagen vor, die über Batterien verfügen, weil sie für bestimmte Anwendungsbereiche (Beleuchtung, Pump- oder Belüftungsfunktion bei Nacht usw.) unumgänglich sind. Ein paar der vorgestellten Systeme stehen gewissermaßen zwischen diesen beiden Funktionsarten, etwa der Zierbrunnen und das Boot mit Solarantrieb.
Sie sollten versuchen, die Batterien so lange wie möglich zu nutzen. Beachten Sie hierfür die folgenden Hinweise:
- Verwenden Sie die Batterien bestimmungsgemäß und angepasst an das System, insbesondere im Hinblick auf die Qualität und die Dimensionierung (nicht zu knapp berechnen, um die Lebensdauer nicht unnötig zu verkürzen).
- Verwenden Sie einen qualitativ hochwertigen Solarregler.
- Setzen Sie die Batterien mit Bedacht ein und führen Sie regelmäßige Wartungen durch.

Um die Verständlichkeit der Montageanleitungen zu verbessern, folgt jede Anleitung dem gleichen Aufbau:
- Bezeichnung des Systems und ggf. Überblick
- Schwierigkeitsgrad und Zeitaufwand
- Funktionsweise
- Vorteile und Schwachpunkte
- Schaltskizze (bei den meisten Anleitungen)
- Wahl der Bauteile
- Material
- Werkzeug
- Bauanleitung
- Funktion bzw. Funktionsprüfung
- Kosten.

In der Rubrik Kosten wird häufig auf die „klassischen Lösungen zur Kostensenkung" Bezug genommen. Um diese klassischen Lösungen nicht bei jeder Anleitung aufzählen zu müssen, stellen wir sie hier vor.
Mengeneinkauf: Manche Artikel können Sie in größeren Mengen (Anzahl beziehungsweise Länge oder Fläche) günstiger einkaufen. Wenn Sie mehrere Solarsysteme planen, können Sie Reste vermeiden und einen günstigeren als den hier angegebenen Preis erzielen.
Nutzung des Wettbewerbs: Je nach Bezugsquelle gibt es erhebliche Preisunterschiede. Achten Sie aber auch auf die Qualität.
Wiederverwertung: Holz, Kleinmaterial (Eisenwaren, Elektroartikel) und Elektrokabel aus Ihrer Werkstatt oder vom Dachboden. Vieles kann man auch auf Flohmärkten sehr günstig finden.
Gebrauchte Fotovoltaikmodule: Diese finden Sie aufgrund ihrer hohen Zuverlässigkeit und Lebensdauer eher selten, zumal sie sehr gesucht sind. Beachten Sie deshalb Kleinanzeigen und Auktionsverkäufe.
Gebrauchte Batterien: Aus ökologischen Betrachtungen ist es oftmals interessant, ihre Nutzungsdauer über ihre eigentliche Lebensdauer hinaus zu verlängern. Allerdings sind sie schwer zu finden, weil sie immer mehr recycelt werden. Außerdem kann man damit auch Pech haben.
Solar-Bausätze: Manche Händler verkaufen komplette Fotovoltaik-Bausätze zu sehr günstigen Preisen.

Beachten Sie: Die angegebenen Preise verstehen sich ohne die eventuell bei Bestellung anfallenden Versandkosten.

Direkte Nutzung der Sonne

Wie auf Seite 11 beschrieben, sind dies die einfachsten Systeme, da ihr Solarmodul direkt an den Verbraucher angeschlossen wird: Lampe, Motor, Pumpe oder Lüftungsventilator.

Die Montage dieses Zierbrunnens mit Solarantrieb ist auf den Seiten 48 bis 57 detailliert beschrieben.

Zierbrunnen

Schwierigkeitsgrad: Niedrig. Zeitaufwand: 1 Stunde.

Beginnen Sie mit etwas Einfachem: Bauen Sie einen solarbetriebenen Zierbrunnen in Ihren Garten. Schließen Sie ein Solarmodul an eine Pumpe an und sie funktioniert, wann immer die Sonne scheint. Einfacher geht es kaum! Beim Nachbauen dieser Anordnung erlangen Sie die Sicherheit, die Sie für kompliziertere Systeme brauchen.

Funktionsweise

Zwei Tauchpumpenmodelle mit 12 Volt. Die untere Pumpe kostet zwar weniger als 20 Euro, hat aber einen geringen Wirkungsgrad. Außerdem ist sie nicht für den Dauerbetrieb vorgesehen.

Es handelt sich um einen typischen geschlossenen Kreislauf: Das nach oben gepumpte Wasser fließt wieder zurück in ein Auffangbecken. Diese vielseitige Pumpe mit Solarantrieb ist ideal für einen kleinen Zier- oder Springbrunnen oder sogar für eine Wasserfontäne. Die Pumpe ist an ein Solarmodul mit 20 W_p angeschlossen. Sie läuft, sobald das Modul von der Sonne angestrahlt wird, und hört erst bei Einbruch der Dunkelheit wieder auf. Aufgrund der unterschiedlich starken Sonneneinstrahlung schwankt natürlich ihre Leistung. Die Pumpe ist strapazierfähig und kann im Dauerbetrieb laufen.

Um zu vermeiden, dass sie unnötigerweise läuft, etwa bei Abwesenheit, kann man sie mit einem Schalter von Hand abschalten.

Vorteile	Schwachpunkte
einfacher Aufbau	kein ständiger Betrieb
Sicherheit (sehr niedrige Spannung)	unregelmäßiger Durchfluss
autarker Betrieb	

Wahl der Bauteile
Pumpe
Für einen Zier- oder Springbrunnen sind kleine Tauchpumpen am besten geeignet: Sie haben trotz ihres hohen Durchflusses einen geringen Stromverbrauch. Aber ihr Pumpendruck ist recht gering: Sobald eine gewisse Höhe überschritten wird, sinkt ihr Durchfluss sehr schnell ab. Dies ist hier aber nicht weiter störend, da der Durchfluss wichtiger als der Druck ist. Nachdem ich mehrere Pumpenmodelle für 12 V Gleichspannung und den Betrieb an einem Solarmodul ausprobiert habe, habe ich ein zufriedenstellendes Modell gefunden:
• Geringe Leistungsaufnahme: 25 W (2 A)
• Durchsatz von bis zu 1500 l/h beziehungsweise 25 l/min
• geringer Anlaufstrom, was bei bedecktem Himmel wichtig ist
• Dauerbetrieb möglich
• Funktion auch mit verschmutztem Wasser im Becken

Bei einem Druck von 0,7 bar sollte der Ausgangsschlauch 1 m Höhe nicht überschreiten. Um einen guten Durchfluss zu erhalten, sollte die Höhe allerdings höchstens 50 cm betragen.

Solarmodul
Eine Modulleistung von 20 W_p passt sehr gut zur Leistung dieser Pumpe. Dennoch läuft sie erst mit vollem Betrieb, wenn das Modul ganz von der Sonne angestrahlt wird. Sie können später aber immer noch ein leistungsfähigeres Modul anschließen.

Da die Modulleistung mit der Leistung der Pumpe übereinstimmt, ist eine Sicherung zum Schutz nicht notwendig.

Material
1 Solarmodul mit 20 W_p
1 Tauchpumpe mit 12 V, 25 W
1 m flexibler, verstärkter Schlauch (15 mm Innendurchmesser)
2 m flexibles Elektrokabel 2 × 1,5 mm² (möglichst gummiummanteltes Außenkabel)
1 Lüsterklemme

1 Drucktaster 2 A
1 Verteilerdose
Silikon
Starkes Klebeband

Werkzeug
Einfaches Elektrowerkzeug (Seite 32).

Das Material für den
Zierbrunnen im Über-
blick.

Bauanleitung
Elektrischer Anschluss der Pumpe an das Solarmodul

Der Anschluss erfolgt über eine Lüsterklemme, die durch eine Verteilerdose geschützt ist. Am Versorgungskabel wird ein Schalter eingesetzt.

1 Schließen Sie das Kabel $2 \times 1{,}5$ mm² am Anschlussgehäuse des Moduls an (je nach Gehäusetyp). Gehen Sie zu Punkt 2, falls das Modul bereits mit einem Ausgangskabel am Gehäuse ausgestattet ist.

2 Entfernen Sie mit dem Kabelmesser etwa 5 bis 6 cm der Kabelummantelung beim Anschlussgehäuse (achten Sie darauf, dass Sie nicht die Ummantelungen der Adern verletzen). Schneiden Sie den Plusdraht (braun) mit dem Seitenschneider durch, isolieren Sie jedes Endstück auf 1 cm ab und verdrillen Sie die Litzen. Verzinnen Sie sie im abisolierten Bereich.

3 Fügen Sie den Drucktaster ein und ziehen Sie die Schraubverbindungen gut an. Dichten Sie die aufgeschnittene Ummantelung mit Silikon ab.

4 Fixieren Sie den Schalter und das elektrische Kabel mit einem Stück Klebeband auf der Rückseite des Moduls: Wenn dieses einmal ausgerichtet ist (Neigung), ist der Schalter vor Witterungseinflüssen ziemlich gut geschützt. Sie können ihn zusätzlich mit einer wasserdichten Abdeckung versehen.

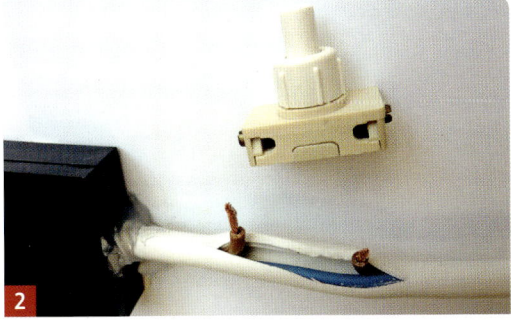

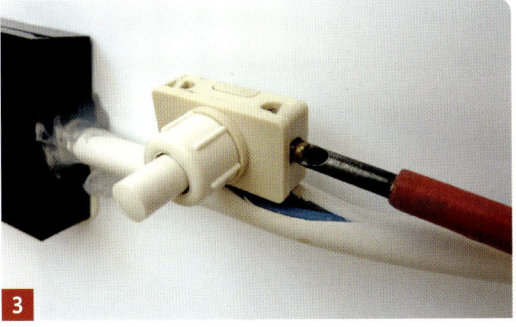

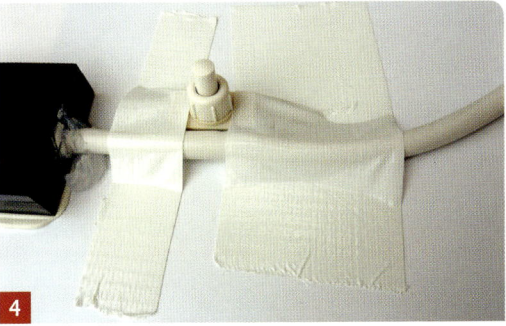

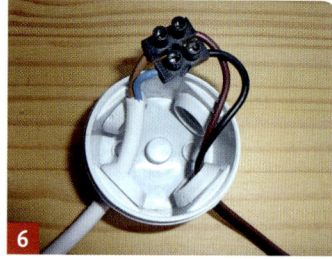

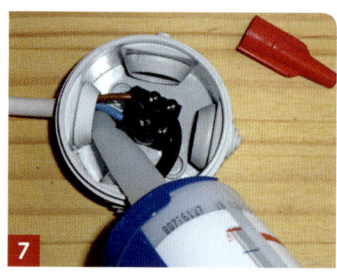

5 Schneiden Sie mit dem Teppichmesser zwei Kabeleinführungsabdichtungen an der Verteilerdose ab.

6 Führen Sie das Modul- und Pumpenkabel ein. Isolieren Sie die Endstücke auf 1 cm ab. Verdrillen und verzinnen Sie die Litzen. Verbinden Sie jeweils die 2 Plus- und die 2 Minusdrähte in der Lüsterklemme.

7 Passen Sie die Lüsterklemme in die Dose ein. Um die Kabelschleifen in der Dose zu verringern, ziehen Sie die Kabel ein wenig zurück.
Isolieren Sie die Kabeleinführungen nochmals mit Silikon, damit kein Wasser eindringen kann.

8 Schließen Sie die Dose wieder mit der Abdeckung.

9 Schieben Sie den Schlauch über den Flansch der Pumpe. Falls dies zu schwer gehen sollte, dann schmieren Sie den Flansch mit ein wenig Seife ein, erwärmen das Schlauchende über einer Flamme und dehnen es ein wenig mit dem Griff eines kleinen Schraubendrehers. Bei dem geringen Druck besteht keine Gefahr, dass der Schlauch abrutscht, so dass keine Schlauchklemme benötigt wird.

10 Somit ist unser Bausatz für die Solarpumpe fertig. Lassen Sie den Schalter aus, um ein Anlaufen der Pumpe im trockenen Zustand zu vermeiden.

Funktionstest

Drei andere Schaltermodelle, die für das Abschalten der Pumpe benutzt werden können.

1 Füllen Sie einen Eimer mit Wasser und versenken Sie die Pumpe darin. Fixieren Sie mit einem Klebeband den Schlauch an einem neben dem Wassereimer im Boden eingeschlagenen Stab und lassen Sie das Schlauchende über den Eimer hängen. Stellen Sie den

Schalter auf „an". Richten Sie jetzt das Modul nach der Sonne aus:
Nun sollte das Wasser in einem geschlossenen Kreislauf fließen.

2   Prüfen Sie Stellung und Neigung des Moduls in Richtung Sonne
und richten Sie es entsprechend aus: Sie hören am Geräusch der
Pumpe, ob sie beschleunigt oder langsamer wird. Markieren Sie
die Ausrichtung, bei der sie am besten läuft. Beachten Sie, dass
sich dieser Punkt mit dem Sonnenstand und je nach Jahreszeit
ständig ändert.

3   Sie werden feststellen, dass die Pumpe stoppt, sobald Sie mit
einer Hand eine oder zwei Zellen des Moduls abdecken: Damit
erkennen Sie eines der Probleme der Fotovoltaik, nämlich die
extreme Schatten-Empfindlichkeit.

4   Mit einem durchsichtigen Messbecher und einer Stoppuhr oder
dem Sekundenzeiger einer Armbanduhr können Sie den Durchfluss der Pumpe messen: Stoppen Sie die Zeit am besten mit einem 1-Liter-Gefäß. Berechnen Sie dann per Dreisatz die Wasser-
menge, die innerhalb einer Minute gefördert wird, dann pro
Stunde: Sie erhalten die Förderung in Liter/Minute oder in
m^3/Stunde. Prüfen Sie durch Anheben des Schlauchs, wie die För-
dermenge absinkt. Hieraus können Sie die Maximalhöhe des Was-
seraustritts ableiten, so dass Sie, auch bei bedecktem Himmel,
noch einen vernünftigen Wasserstrahl erhalten.

Der endgültige Zusammenbau

Um den Spannungsabfall durch die Elektrokabel zu verringern, sollten
Sie den Abstand zwischen Solarmodul und Pumpe gering halten. Bei
mehr als 5 m Kabellänge sollten Sie Kabel mit $2 \times 2{,}5$ mm² benutzen.

Der mit Solarstrom betriebene Zierbrunnen des Autors für Demonstrationszwecke und zur Veranschaulichung der elektrischen Schaltung.

Platzieren Sie das Modul möglichst hoch, zum Beispiel an einer Mauer, an einem Holzgehäuse oder an einem Pfosten. Richten Sie es nach Süden und in einer mittleren Neigung, zum Beispiel 30°, aus. Es sollte von 8 bis 16 Uhr (Zeit nach Sonnenstand) der Sonne ausgesetzt sein. Achten Sie auf den tieferen Stand der Sonne – ab der Sommersonnenwende (21. Juni) steht sie niedriger und die Schatten werden länger! Versenken Sie die Pumpe in dem von Ihnen gewählten Behälter, zum Beispiel in einem Becken, einer Schale oder in einem Kübel.

Das Modul wird manuell ausgerichtet.

Der Schlauch führt durch das Mäuerchen und verbindet die Pumpe (unten) mit dem Wasserhahn.

Gehäuse mit der Elektroinstallation, die durch Plexiglastür und Dachvorsprung geschützt ist.

Das Becken ist ein aufgesägtes Holzfass.

Solarregler und Messinstrumente.

Die Batterie ist in einer wasserdichten Kiste eingebaut (für dieses Modell nicht nötig).

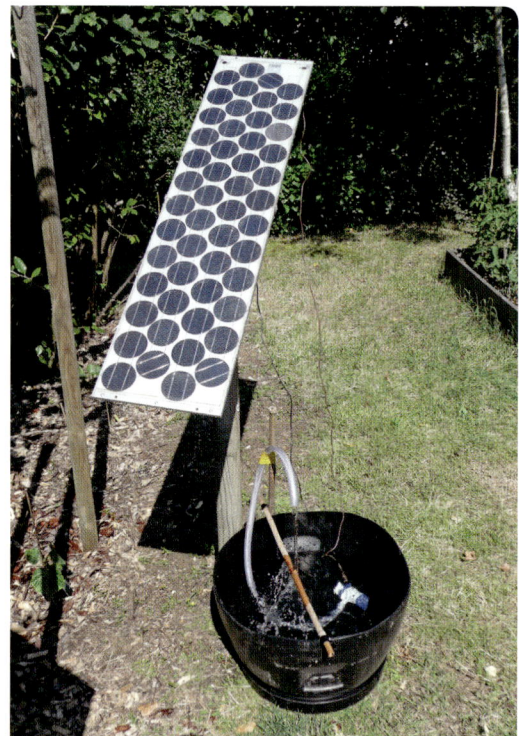 

Links: Ein anderer im „Haus der Sonne" getesteter Solarbrunnen. Dieses Solarmodul kann nicht nur gedreht, sondern auch geneigt werden.

Rechts: Rückseite des Moduls. Für das Gelenk wurde Altmaterial wiederverwertet.

Befestigen des Schlauchs:
- Er muss in der richtigen Höhe befestigt werden, damit auch bei geringerer Sonneneinstrahlung noch Wasser fließt.
- Befestigen Sie ihn mit dem richtigen Neigungswinkel, damit das Wasser auch bei intensiver Sonneneinstrahlung oder stärkerem Wind noch im Auffangbecken landet.

Platzieren Sie die Verteilerdose so, dass sie vor Regen geschützt ist. Um dem Ganzen ein natürliches Aussehen zu verleihen, können Sie die Pumpe und den Schlauch zum Beispiel mit Steinen oder Kieseln kaschieren. Falls Sie keinen Garten oder Balkon haben, können Sie Ihre Solarpumpe hinter einem Fenster, das viel Licht abbekommt, in Ihrer Wohnung aufstellen.

Verlängern der Nutzungsdauer

Ausrichten der Anlage

Sie können Ihr Modul mit einer einfachen Vorrichtung nach dem Sonnenstand am Vormittag oder am Abend ausrichten, um die Pumpenfunktion für ein paar Stunden zu verlängern (Seite 102). Noch besser ist es, ein Nachführsystem einzubauen (Seite 90).

Stärkeres Solarmodul (30 bis 50 Wp)

Mit ihm erhöht man die Stromstärke bei geringer Sonneneinstrahlung, so dass die Pumpe morgens früher anfängt zu laufen und abends später aufhört. Außerdem ist der Betrieb stetiger, weil Wolken weniger Unterbrechungen auslösen. Tatsächlich gibt ein Solarmodul nur selten seine Nennleistung ab, sondern liefert meist nur zwischen 50 und 70 % davon. Bei voller Sonne kann es aber auch passieren, dass die Spannung auf über 15 V ansteigt, was die Pumpe beschädigen könnte. Deshalb sollte man eine Zenerdiode mit einer Leistung von 50 W dazwischenschalten, um die Spannung auf 14 V zu begrenzen (Seite 58 ff.). Allerdings kann ein solches Modul doppelt so viel kosten wie das schwächere.

Verlängerter Betrieb

Für den Abend oder wenn die Sonne einmal nicht so schön scheint, können Sie natürlich auch eine Batterie an dieses System anschließen, zum Beispiel eine alte Autobatterie. Der Aufbau gleicht dann einem Fotovoltaikgenerator mit einem Regler (Seite 110 ff.). Sie verlieren jedoch so den ökologischen Vorteil, nämlich den unmittelbaren Betrieb durch Sonneneinstrahlung.

INFO

Kosten
Solarmodul: 70 bis 150 €
Pumpe: 35 €
Schlauch: 5 bis 10 €
Kabel und elektrisches
Zubehör: 20 bis 25 €
**Gesamtkosten also ca.
130 bis 220 €.**

Zur Kostensenkung gibt es außer den klassischen Lösungen (Seite 45) im Handel für etwa 80 € einen kleinen Solarbrunnen mit Wasserstrahl und einem Solarmodul von 5 W_p zu kaufen. Allerdings sind Sie möglicherweise enttäuscht, denn das Ganze funktioniert nur in der prallen Sonne.

Mini-Fontäne – eine technische Spielerei, die weniger empfehlenswert ist.

Solarbrunnen-Bausatz mit einem 5-W_p-Modul – leider ziemlich enttäuschend.

Solarpumpe zur Gartenbewässerung

Schwierigkeitsgrad: Mittel. Zeitaufwand: 2 Stunden.

Dieses zweite System kann als Variante des solarbetriebenen Zierbrunnens betrachtet werden. Es wird jedoch eine andere Pumpe und ein stärkeres Modul verwendet. Auch hier wird die Sonnenenergie direkt genutzt.

Funktionsweise

Das Wasser wird aus einem Becken, einem nahen Bach, einer Regenwasserzisterne (ober- oder unterirdisch) oder einem nicht allzu tiefen Brunnen gepumpt. Es handelt sich hierbei nicht um einen geschlossenen Kreislauf, weil das gepumpte Wasser im Garten verteilt wird. Auch diese solarbetriebene Pumpe kann für verschiedene Zwecke verwendet werden (ein weiteres Beispiel Seite 66).

Wie bei der Pumpe für den Zier- oder Springbrunnen schwankt die Leistung auch hier mit der Lichteinstrahlung. Der größte Nachteil ist hierbei, dass man den Garten nur bei Sonnenschein gießen kann, was aufgrund der Verdunstung und des Temperaturschocks für die Pflanzen nicht gerade ideal ist. Man kann jedoch gleich morgens gießen, bevor die Hitze zu groß wird.

Gartenbewässerung mittels solarbetriebener Wasserpumpe.

Vorteile	Schwachpunkte
einfacher Aufbau	Der Durchfluss hängt von der Lichteinstrahlung ab.
Vielseitigkeit: Man kann diese Anordnung immer dann verwenden, wenn das Modul (hier 50 W_p) mehr Energie erzeugt, als das Gerät verbraucht	

Wahl der Bauteile

Solarmodul

Theoretisch reicht ein Modul mit 20 W_p aus, wie beim Zierbrunnen. Verdoppelt man aber die Modulleistung, arbeitet die Pumpe viel gleichmäßiger. Bei Einsatz eines Moduls mit 50 W_p läuft die Pumpe morgens und abends, bei bedecktem Himmel oder Wolkendurchzug lediglich etwas langsamer.

Pumpe

Zum Gießen muss die Pumpe:
- ansaugen und fördern, außer sie ist auf Höhe des Wasserreservoirs befestigt,
- einen Mindestdruck von 1,5 bar leisten können.

Man findet Pumpen mit 12 V Gleichspannung bei Händlern für Boot- und Wohnmobilausrüstung oder Solarartikel. Ihre geringe Durchflussleistung ist nicht unbedingt störend, da sie so die Wasserverschwendung einschränkt. Wenn die Leistung der Pumpe der des Moduls entspricht (hier ungefähr 20 W), ist es nicht schlimm, wenn die Spannung unter 12 V sinkt. Dabei verringert sich nur die Leistung der Pumpe.

Wenn hingegen die Leistung des Moduls aufgrund starker Sonneneinstrahlung deutlich höher als die der Pumpe wird, kann es proble-

Links: Ansaug-und-Förder-Pumpe mit 12 V

Rechts: Power-Zenerdiode (rechts oben) und Aluminiumkühlelement.

matisch werden. Je höher der Leistungsunterschied wird, desto mehr
nähert sich die Spannung des Moduls der Leerlaufspannung ohne
Last, das heißt an 18 bis 20 V an. Dabei könnte die Pumpe kaputtgehen, sofern sie nicht über einen Thermoschutzschalter verfügt, der
die Stromzufuhr beim Heißlaufen unterbricht. Wie zuvor beim Zierbrunnen benötigt auch diese Schaltung keine Sicherung.

Wir haben eine Membranpumpe ausgewählt, die für diese Anwendung ideal ist:

- geringer elektrischer Verbrauch: 1,4 A (unter 20 W)
- Druck: 1,5 bar
- relativ geringer Durchfluss (7 l/min), der jedoch für ein vernünfti-
  ges Gießen ausreicht
- Funktion in jeder Lage
- Abstand bis zu 10 m von der Wasserquelle
- Partikelfilter am Ansaugstutzen
- Abschaltung der Pumpe durch einen Druckregler, wenn man das
  Wasser am Schlauch abdreht oder der Schlauch verstopft ist

Power-Zenerdiode

Eine Diode ist ein elektronisches Halbleiterbauteil, das den Strom nur
in eine Richtung fließen lässt. Eine Power-Zenerdiode mit einer Leistung von 50 W wird ab einer Spannung von 14 V durchlässig und
fängt so Spannungsspitzen ab. Die von der Pumpe nicht verbrauchte
Energie (maximal 20 bis 30 W) wird dann durch ein großzügig aus-
gelegtes und mit zahlreichen Rippen versehenes Aluminiumkühlelement in Form von Wärme abgegeben. Das von uns ausgewählte Modell misst $3,5 \times 9 \times 10$ cm und wiegt 230 g. Seine Temperatur erhöht
sich um 1,2 °C pro W, also bei 50 W um 60 °C. Bei einer Außentemperatur von 30 °C und bei abgeschalteter Pumpe kann die Tempera-

Das gesamte Material
zum Bau der solar-
betriebenen Bewässe-
rungspumpe.
Die Sicherung ist nicht
unbedingt notwendig.

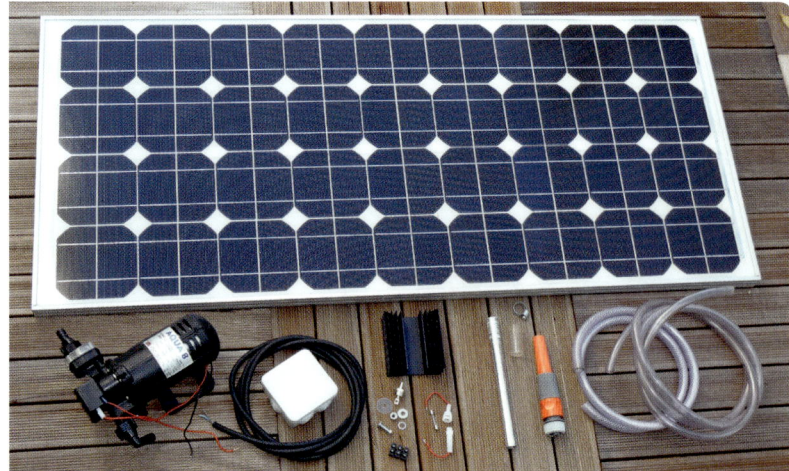

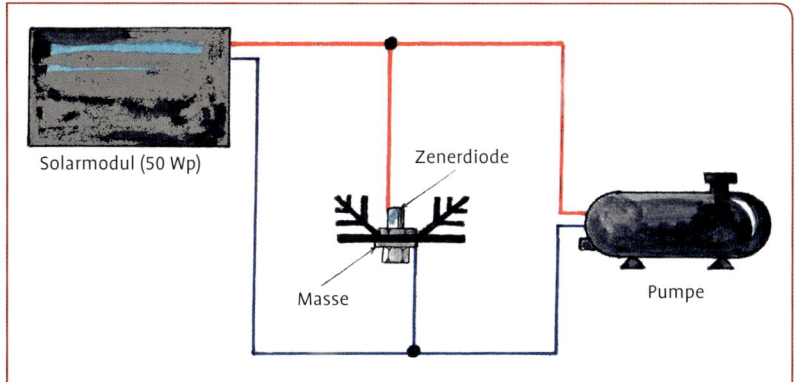

Anschluss und Schalt-
schema der Power-
Zenerdiode.

tur des Kühlelements bei starker Sonneneinstrahlung also durchaus
auf 90 °C steigen. Diese Art Diode wurde früher als Spannungsregler
für Motorräder verwendet und ist heute nicht mehr so einfach zu finden.

Elektrokabel

Wie zuvor beim Zierbrunnen sollte der Abstand zwischen Modul und
Pumpe kurz sein, um den Spannungsabfall zu verringern. Bis 10 m ist
ein Kabel mit $2 \times 2,5$ mm² Leitungsquerschnitt ausreichend. Darüber
sollten Sie eines mit 2×4 mm² nehmen. Es wird kein Schalter benötigt, weil die Pumpe selbstständig stoppt, sobald die Spritzdüse zuge-
dreht wird.

Material

1 Solarmodul mit 40 bis 50 W$_p$
1 Ansaug-und-Förder-Pumpe mit 12 V und 20 W
1 m flexibler, verstärkter Schlauch mit einem Innendurchmesser
    von 10 mm (Länge je nach Abstand zum Wasserbehälter anpassen)
1 Rohrstück aus Kunststoff oder Aluminium (Ø 15 mm)
1 Saugfilter aus Kunststoff (Aquariumzubehör)
1 Wasserschlauch (Ø 15 mm) und 1 Spritze mit Abstellventil
2 Schlauchklemmen (Ø 15 mm)
3 bis 10 m (je nach Bedarf vor Ort) flexibles Außenelektrokabel
    $2 \times 2,5$ mm² mit Gummiummantelung gegen Witterungseinflüsse
1 Power-Zenerdiode, 14 V, 50 W (Kathode in der Diodenfassung)
1 Ringkabelschuh zum Verlöten (Lochdurchmesser 6 mm)
1 Lüsterklemme
1 Verteilerdose
1 Alu-Kühlelement mit 1,2 °C/W
1 Schraube 4×20 mm mit passender Mutter und Unterlegscheiben
Wärmeleitpaste
Silikon

Werkzeug

Metallbohrer 4 und 6 mm
18er-Schlüssel (oder Wasserpumpenzange)
11er-Schlüssel
einfaches Elektrowerkzeug (Seite 32)

Bauanleitung

Elektrischer Anschluss der Pumpe an das Solarmodul

Die Zenerdiode wird parallel zwischen dem Modul und der Pumpe angeschlossen (zwischen den Plus- und Minuspolen des Moduls und der Pumpe).

1   Schließen Sie das Kabel $2 \times 2,5$ mm² am Anschlussgehäuse des Moduls an (je nach Gehäusetyp).

2   Bohren Sie ein Loch mit 6 mm Durchmesser in die Mitte des Kühlelements und ein zweites Loch mit 4 mm Durchmesser an der Seite des Elements.

3   Bereiten Sie zwei Kabeladern (2,5 mm²) mit etwa 20 cm Länge vor (die Isolierung der einen Ader ist blau, die andere ist braun oder rot) und isolieren Sie jeweils 5 mm an den Enden der beiden Adern ab. Löten Sie die braune Ader an die Anode, also die Elektrode, die auf der einen Seite absteht, und die blaue Ader an den Ringkabelschuh, der nachher mit der Diodenfassung verbunden wird.

4   Stecken Sie die Gewindefassung der Diode in das mittlere Loch des Kühlelements (tragen Sie dabei zur besseren Wärmeleitung etwas Wärmeleitpaste auf). Legen Sie auf der Rückseite des Kühlelements die Unterlegscheibe, den Kabelschuh mit dem blauen Draht und die Sicherungsscheibe ein. Ziehen Sie die Mutter gut mit dem 11er-Schlüssel an, wobei Sie die Diode mit dem 18er-Schlüssel auf der anderen Seite festhalten.

5   Schneiden Sie mit dem Teppichmesser vier Kabeleinführungsabdichtungen an der Verteilerdose auf. Befestigen Sie an einer davon das Kühlelement mit der eingeschraubten Diode mittels der

1 bis 3

4

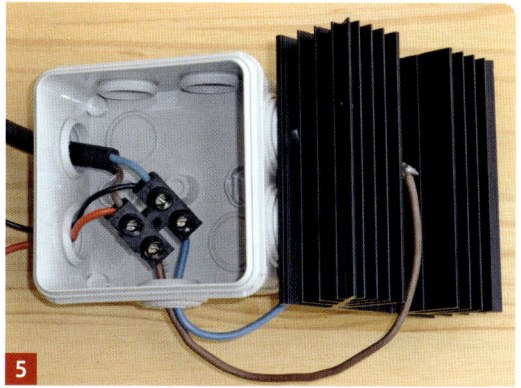

Schraube und der Mutter. Ziehen Sie durch die drei anderen das
von der Pumpe kommende Kabel und die vom Solarmodul und
der Diode kommenden Adern. Isolieren Sie ihre Endstücke auf
1 cm ab, verdrillen Sie die Litzen und schließen Sie die Drähte wie
abgebildet an die Lüsterklemme an. Dichten Sie die Kabeleinführungen nochmals mit Silikon ab, damit kein Wasser eindringen
kann. Passen Sie die Lüsterklemme und den Sicherungseinsatz in
der Dose ein und schließen Sie die Abdeckung.

Anschluss des Schlauchs an die Pumpe
6 Schieben Sie den verstärkten Schlauch fest auf die durch den Partikelfilter zu erkennende Ansaugdüse der Pumpe. Befestigen Sie
   den Schlauch mit einer Schlauchklemme.
7 Schieben Sie am anderen Ende des armierten Schlauchs das Rohrstück über den Schlauch. Befestigen Sie den Saugfilter am Rohr
   und fixieren Sie ihn mit Silikon, falls notwendig.
8 Schieben Sie den Wasserschlauch auf die Förderdüse der Pumpe
   und befestigen Sie ihn mit einer Schlauchklemme. Schließen Sie
   am anderen Ende die Spritzdüse an.

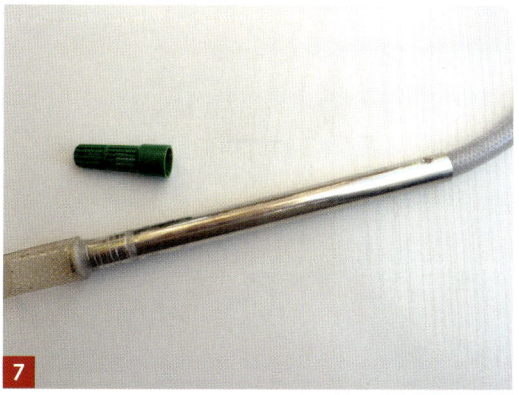
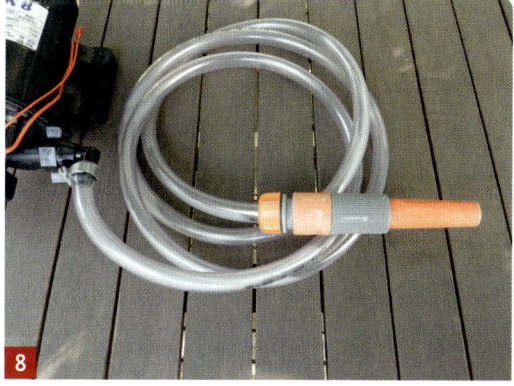

Der Bausatz für die Bewässerungspumpe ist fertig.

9 Somit ist der Bausatz für die Solarpumpe fertig. Für eine regelmäßige Nutzung können Sie die Pumpe in einem Holzkasten mit Transportgriff schützen.

Funktion

10 Testen Sie die Funktion der Solarpumpe. Versenken Sie den Ansaugschlauch (mit dem Saugfilter) im Wasser. Richten Sie das Modul nach der Sonne aus und achten Sie darauf, dass kein Schatten darauf fällt. Wenn Sie nun die Spritzdüse öffnen, sollte die Pumpe anlaufen und das Wasser durch den Wasserschlauch fließen.

Notieren Sie sich, wie zuvor beim Zierbrunnen, den Einfluss der Ausrichtung des Solarmoduls auf die Leistung der Pumpe. Befestigen Sie es mit der richtigen Neigung, zum Beispiel an einem Dachvorsprung. Sie können auch den Durchfluss messen, wie auf Seite 53 beschrieben.

Falls die Pumpe nicht anlaufen sollte, prüfen Sie mit dem Multimeter, ob der Strom an der Lüsterklemme und an der Pumpe ankommt. Prüfen Sie gegebenenfalls die elektrischen Anschlüsse.

INFO

Kosten
Solarmodul: 200 bis 400 € (je nach Bezugsquelle)
Pumpe: 85 €
Schlauch, Schlauchklemme, Saugfilter: 15 bis 30 €
Kabel und elektrisches Zubehör: 15 bis 35 €
Zenerdiode und Kühlelement: 40 €
Gesamtkosten also etwa 355 bis 590 €.

Sie müssen keinen neuen Wasserschlauch kaufen, sondern können den benutzen, den Sie bisher schon für die Bewässerung Ihres Gartens verwendet haben.

Möglicherweise müssen Sie auch kein neues Modul kaufen, sondern können eines benutzen, das Sie auch anderweitig verwenden, solange es leicht abzubauen ist.
Um die Kosten zu senken, können Sie ein Modul mit nur 20 W_p verwenden. Allerdings läuft dann die Pumpe nur bei vollem Sonnenschein.
Sie können hierfür auch die Wasserpumpe Ihres Wohnmobils einsetzen, falls sich sein Nutzungszeitraum nicht mit dem der Bewässerungs-Saison überschneidet.

Der Durchfluss hängt von der Ansaugtiefe ab. Ideal ist es, wenn der Wasserstand und die Pumpe in gleicher Höhe liegen, so dass die Pumpe das Wasser leicht ansaugen kann. Mit dieser Membranpumpe sollte ein Höhenunterschied von 1 bis 2 m nicht überschritten werden. Wenn dies der Fall sein sollte, wäre es besser, eine geeignete Tauchpumpe mit höherem Förderdruck zu verwenden. Natürlich ist dann auch der Preis entsprechend höher. Lassen Sie sich in diesem Fall von einem Fachmann beraten.

Ab einer Schlauchlänge von ca. 25 m sinkt der Wasserdruck aufgrund der Reibung des Wassers im Schlauchinneren, vor allem in den Bögen. Verwenden Sie in diesem Fall einen Schlauch mit einem größeren Durchmesser (19 mm).

Verstopft der Saugfilter zu schnell (etwa durch Laub), dann umwickeln Sie den Saugkorb mit Kaninchendraht (1 × 1 cm).
Reinigen Sie den Filter regelmäßig, zumindest am Ende der Bewässerungs-Saison, bevor Sie die Pumpe für den Winter verstauen.

10

Das Ansaugschlauchende befindet sich im Wasser des kleinen Teichs. Die Pumpe liegt auf einem Stein.

Die Sonne füllt den Wasserturm

Schwierigkeitsgrad: Mittel. Zeitaufwand: $^1/_2$ Tag.

Bauen Sie in Ihren Garten einen mit Regenwasser versorgten Wasserturm. Während der schönen Jahreszeit sorgt die Pufferung des Wassers zwischen dem Regenwasserbehälter und der Verwendung für die Gartenbewässerung dafür, dass es die richtige Temperatur hat und direkt aus einem Wasserhahn verfügbar ist. Ihre Pflanzen werden es Ihnen danken, weil sie kaltes Wasser nicht gut vertragen.

Funktionsweise

Das Wasser aus dem ober- oder unterirdischen Regenwasserbehälter wird von einer Pumpe mit Solarstrombetrieb angesaugt. Tagsüber füllt sie die erhöht stehende Wassertonne. Wenn diese voll ist, wird die Stromzufuhr von einem Schwimmer-Unterbrechungsschalter (Mikroschalter mit Hebel) unterbrochen. Damit wird ein Überlaufen der Tonne verhindert, ganz ähnlich wie im Wasserkasten einer Toilette. Im Falle der Abwesenheit kann die Energieversorgung abgestellt werden. Die Anlage kann auch aus einem Bach oder einer nicht zu tief liegenden Quelle (Brunnen) Wasser fördern.

Prinzip des Wasserturms mit Solarbetrieb.

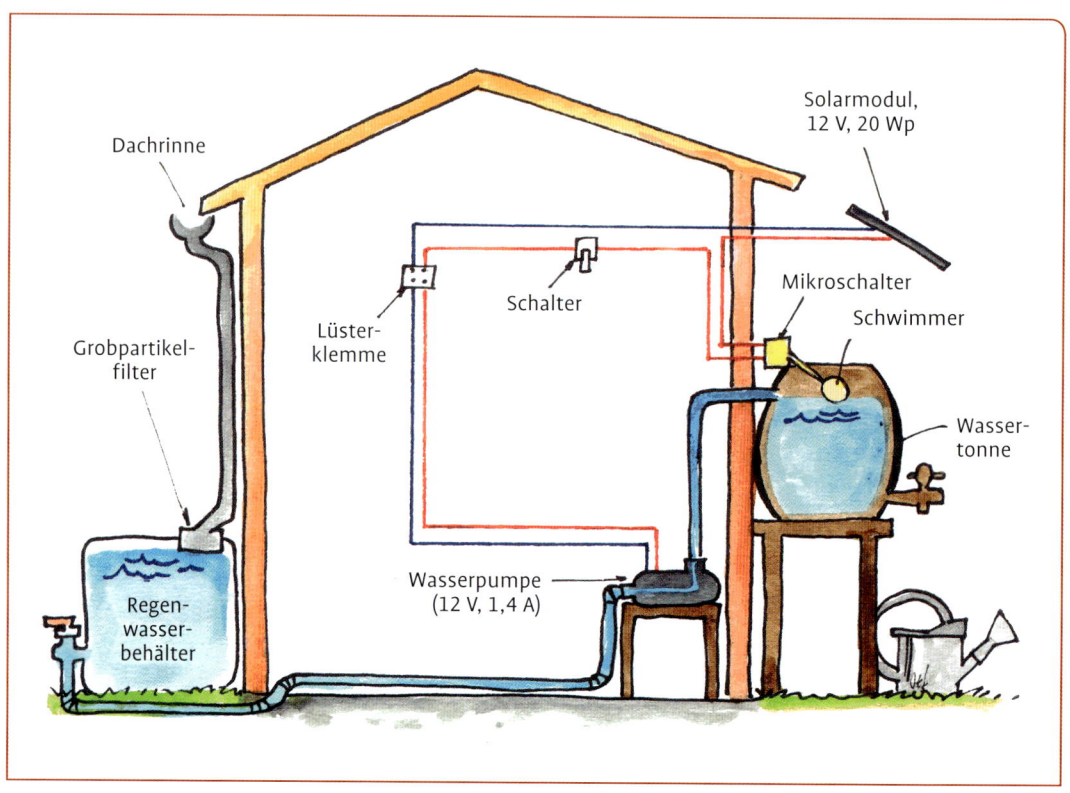

Die erhöht platzierte Wassertonne erlaubt das bequeme Befüllen einer Gießkanne oder das Bewässern des Gartens mit einem Schlauch.

Vorteile	Schwachpunkte
kein Temperaturstress für die Pflanzen durch kaltes Wasser	Wasserbehälter füllt sich nur bei Sonnenschein
sehr einfacher Mechanismus	empfindlicher Mikroschalter
stets gefüllter Wasserbehälter	
Möglichkeit, einen Schlauch zum Gießen anzuschließen	

Wahl der Bauteile

Pumpe

Um Wasser aus dem Regenwasserbehälter in die höher gelegene Wassertonne zu leiten, wird eine Ansaug-und-Förder-Pumpe benötigt. Es handelt sich um das gleiche Modell mit 12 V Gleichspannung wie in der zuvor beschriebenen Anlage zur Gartenbewässerung (Seite 58 ff.).

Ihr geringer elektrischer Verbrauch (1,4 A, weniger als 20 W) erlaubt die Versorgung mit einem kostengünstigen Solarmodul. Ihr Druck von 1,5 bar reicht aus, um Wasser in die Höhe zu fördern, selbst bei einem unterirdischen Regenwasserbehälter. Ihr geringer Durchfluss von ca. 7 l/min (Pumpe in Höhe des Wasserspiegels) ist kein Problem, weil die Wassertonne nicht besonders groß ist. Bei vollem Betrieb läuft sie nach einer Entleerung innerhalb von 20 bis 30 Minuten wieder voll.

Solarmodul

Das Modul mit 20 W_p ist an die Leistung der Pumpe angepasst. Allerdings läuft diese nur richtig, wenn das Modul der vollen Sonne ausgesetzt ist, das heißt, es sollte zumindest während der leistungsfähigsten Stunden (9.00 bis 15.00 Uhr, Uhrzeit nach Sonnenstand) schattenfrei sein.

Wassertonne

Fassungsvermögen von 150 bis 200 Liter, je nach Bedarf, aus Polyethylen oder Metall, ein Eichenfass oder Ähnliches.

Material

Anzupassen an die Gegebenheiten vor Ort oder an die verwendete Wassertonne (Größe, Form):

1 Solarmodul mit 20 W_p
1 Ansaug-und-Förder-Pumpe mit 12 V und 1,4 A
1 Wassertonne mit 150 bis 200 l
1 m flexibler, verstärkter Schlauch (Innendurchmesser 10 mm)
verstärkter Wasserschlauch (Ø 15 mm, Länge je nach Abstand zum Regenwasserbehälter beziehungsweise zur Wasserquelle)
5 cm PVC-Rohr (Ø 30 mm)
1 Schlauchklemme (Ø 15 mm)
1 Wasserhahn zum Anschrauben mit Gummidichtring, Metall-Unterlegscheibe und Mutter
1 Pfosten der Länge 2,40 m aus imprägniertem Holz, Ø 100 mm
1 Holzbrett für den Außenbereich (Dicke 22 mm): 50 × 50 cm
1 dünneres Sperrholzbrett (Dicke 10 mm): 19 × 30 cm
1 flexibles Elektrokabel 2 × 1,5 mm², gummiummantelt (Länge je nach Entfernung des Moduls von der Pumpe)
Lüsterklemmen

1 Kippschalter 2–5 A
1 Mikroschalter mit Hebel 2–3 A
2 flache Kabelschuhe
1 Verteilerdose aus Kunststoff
4 Spanplattenschrauben mit Senkkopf, 5 × 100 mm
2 Spanplattenschrauben, 4 × 20 mm
8 Spanplattenschrauben, 4 × 40 mm
Umreifungs-Stahlband (gelocht), Draht oder Seil
1 kleines Stück Spritzguss-Styropor (Schwimmer)
Holzleim für außen
Silikon
starkes Klebeband (oder Schraubschelle, Ø 15 mm)
Holz-Wetterschutz-Lasur

Werkzeug
Stichsäge
elektrische Bohrmaschine und Bits
Lochsäge
Holzbohrer, 5 und 15 mm
Holzraspel
Wasserwaage
23er-Schlüssel (oder Rollgabelschlüssel, Wasserpumpenzange)
flacher Schraubendreher oder 7er-Schlüssel
einfaches Elektrowerkzeug (Seite 32).

Die Teile für die Pump-
anlage im Überblick,
ohne die Wassertonne.

Bauanleitung

Konstruktion des standfesten Unterbaus für die Wassertonne, Anbohren der Tonne und Anschluss der Pumpe an den Schlauch

1   Zersägen Sie den Pfosten in 4 gleich lange Stücke zu 60 cm.
2   Sägen Sie aus dem Holzbrett einen Kreis mit 50 cm Durchmesser aus (passend zur Unterseite der Wassertonne). Lasieren Sie alle Holzteile. Bohren Sie mit dem 5-mm-Bohrer vier Löcher etwa 5 cm von der Außenkante entfernt in das Brett. Leimen Sie die vier Füße an das Brett und schrauben Sie sie mit den Schrauben 5 × 100 mm gut fest.
3   Stellen Sie die Wassertonne auf diesen „Hocker". Achten Sie darauf, dass sie waagrecht steht (Wasserwaage!) und verkeilen Sie sie gut. Verstärken Sie ihre Stabilität, indem Sie sie an eine Mauer, einen Baum oder an einen Pfosten anlehnen und sie mit dem Stahlband, Draht oder Seil fest umwickeln.
4   Bohren Sie mit dem 15-mm-Bohrer zwei Löcher in die Wassertonne: Eines unten für den Wasserhahn (falls sich dort nicht schon ein Loch befindet) und ein weiteres oben für den Füllschlauch.
5   Bohren Sie mit der Lochsäge oben ein paar Zentimeter über dem 15-mm-Loch ein weiteres Loch mit einem Durchmesser von 30 mm. Stecken Sie das PVC-Rohr hinein und fixieren Sie es mit Silikon.
6   Schrauben Sie den Wasserhahn im unteren Loch fest (Gummidichtung und Metall-Unterlegscheibe auf der Innenseite der Tonne). Ziehen Sie die Mutter mit dem 23er-Schlüssel gut an.
7   Befestigen Sie die kleine Sperrholzplatte (19 × 30 cm) mit den 40-mm-Schrauben an den Pfosten unterhalb der Tonne, wo sie als Auflage für die Pumpe dient.

1 und 2

Das Holz mehrfach lasieren.

3

Dieses Fass ist nicht mehr wasserdicht – darin ist ein Plastikfass versteckt.

4 und 5

Bohrmaschine mit Lochsäge.

8   Schieben Sie den verstärkten Schlauch auf den Stutzen am Pumpenausgang. Sollte dies zu schwer gehen, dann schmieren Sie den Stutzen mit Seife ein und erhitzen das Schlauchende. Da der Schlauch dann sehr fest sitzt und nicht herunterrutschen oder lecken kann, ist eine Schlauchklemme nicht notwendig. Stecken Sie auf das andere Ende ein Stück Wasserschlauch (Ø 15 mm) mit 20 cm Länge auf und schieben Sie sein Ende durch das Loch mit demselben Durchmesser oben an der Tonne. Fixieren Sie den Schlauch an der Seite der Tonne mit starkem Klebeband (bei einem Kunststoffbehälter) oder mit einer Schraubschelle (Fass).

9   Schieben Sie den Wasserschlauch auf die Ansaugdüse der Pumpe und befestigen Sie ihn mit einer Schlauchklemme.

Haupt-Regenwasserbehälter mit einer Holzverkleidung.

Eine preiswerte Möglichkeit zum Sammeln von Regenwasser: mehrere, miteinander verbundene Plastikfässer mit je 200 Liter Volumen.

10 Schließen Sie das andere Ende des Schlauchs am Hauptbehälter (Regenwasserbehälter oder Brunnen) an: Tauchen Sie ihn entweder in den Wasserbehälter ein oder koppeln Sie ihn an den dortigen Ausgangsschlauch an.

Elektro-Anschluss der Pumpe am Solarmodul und Zwischenschaltung des Mikroschalters und des Schalters

1 Schließen Sie das Kabel $2 \times 1{,}5$ mm^2 am Anschlussgehäuse des Moduls an (je nach Gehäusetyp).

2 Befestigen Sie das Solarmodul an der Wassertonne, falls diese an einem sonnigen Platz steht. Andernfalls befestigen Sie es in einem Abstand von maximal 10 m an einer Mauer (mit Befestigungslaschen) oder an einem Pfosten.

3 Schneiden Sie in den Deckel der Verteilerdose ein Fensterchen in der Größe des Schalters (a) und passen Sie diesen dort ein (b).

4 Befestigen Sie die Adern eines 1 m langen Kabels $2 \times 1{,}5$ mm^2 mit den flachen Kabelschuhen an den Klemmen des Mikroschalters. Sie können die Adern auch daran anlöten, was einen besseren Kontakt bei Feuchtigkeit ergibt. Je nach Modell müssen Sie an den Kontaktgeber eventuell einen Stahldraht von 5 bis 6 cm Länge anlöten (Seite 36).

5 Schneiden Sie drei Kabeleinführungsabdichtungen an der Verteilerdose auf und führen Sie das Kabel vom Solarmodul, die Adern

1

2

3a

3b

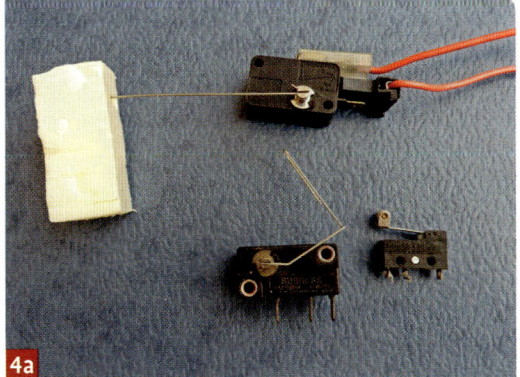

4a

Drei Mikroschaltermodelle (von gebrauchten Maschi-
nen), die für die Unterbrechung der Stromversorgung
an der Pumpe verwendbar sind. Der obere Schalter ist
mit einem langen Drahtgestänge ausgestattet, an
dem der Schwimmer aus Styropor befestigt ist.

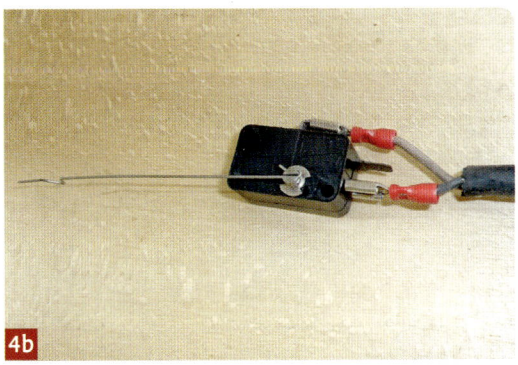

4b

Der mit flachen Kabelschuhen am Elektrokabel angeschlossene Mikroschalter.

5

Herkunft der Elektrodrähte: Mikroschalter (unten),
Pumpe (links), Solarmodul (rechts). Die Lüsterklemmen unten verbinden den Schalter mit dem Mikroschalter und dem Modul.

von der Pumpe und vom Mikroschalter ein. Isolieren Sie ihre Endstücke auf 1 cm ab, verdrillen Sie die Litzen und verzinnen Sie sie.
Schrauben Sie gemäß dem Foto die Elektrokabel und die beiden
vom Schalter kommenden Adern in der Lüsterklemme fest. (Stellen Sie den Schalter zuvor auf Aus.) Platzieren Sie die Lüsterklemmen in der Dose und vermeiden Sie eine Schlaufenbildung der
Adern. Dichten Sie die Kabeleinführungsöffnungen wieder mit Silikon ab.

6   Befestigen Sie die Verteilerdose mit zwei 20-mm-Schrauben am
    Unterbau. Schließen Sie die Abdeckung.

7   Schieben Sie den Mikroschalter in das offene Rohrstück oben an
    der Tonne. Stecken Sie den Schwimmer aus Styropor auf das Ende
    des Drahtgestänges und befestigen Sie ihn mit Silikon. Wenn Sie
    ihn nach oben und unten bewegen, darf das Drahtgestänge die In-
    nenwand des Rohrs nicht berühren und Sie müssen den Mikro-
    schalter klicken hören.

8   Dichten Sie nun die äußere Öffnung des Rohrstücks mit Silikon
    ab. Verteilen Sie die Masse großzügig, um gleichzeitig die Ka-
    belenden zu schützen.

Man kann dieses System auch noch verbessern:
Schützen Sie den Mikroschalter mit einem wasserdichten Kunststoffbeutel vor Feuchtigkeit.

Das hochgepumpte Wasser fließt in die Tonne.
Hinten: Der am Mikroschalter befestigte Schwimmer.

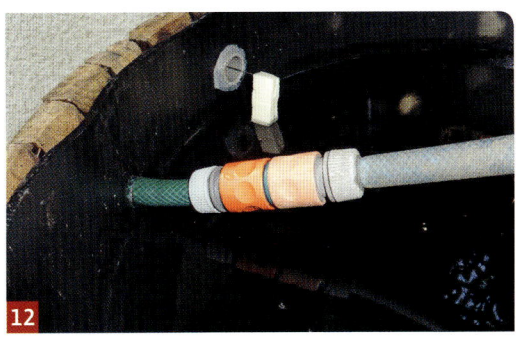

Funktionstest

9   Schließen Sie den Wasserhahn an der Tonne und stellen Sie den
    Schalter an. Die Pumpe muss nun starten und das Wasser in die
    Tonne laufen. Falls dies nicht der Fall ist, prüfen Sie, ob die Sonne
    auf das Solarmodul scheint. Wenn ja, prüfen Sie die Spannung an
    der Lüsterklemme der Pumpe. Falls notwendig, prüfen Sie auch
    die Kabelanschlüsse und Lötstellen, denn elektrische Probleme
    sind oft auf schlechte Kontakte zurückzuführen.

10 Am Ende des Füllvorgangs steht der Wasserspiegel am Schwim-
    mer, der dann nach oben steigt. Ein paar Zentimeter weiter oben
    unterbricht dieser Mechanismus über den Mikroschalter die
    Stromzufuhr zur Pumpe und somit auch die Wasserzufuhr. Dre-
    hen Sie den Wasserhahn auf und lassen Sie so viel Wasser ablau-
    fen, bis die Pumpe wieder anläuft und die Tonne erneut auffüllt.

11 Verschließen Sie die Tonne mit einem Deckel und Ihr solarbetrie-
    bener Wasserturm ist fertig.

12 Sie können diese Pumpe auch dazu benutzen, Ihren Garten mit ei-
    nem Schlauch zu gießen, was im Grunde dann auf die Solar-
    pumpe zur Gartenbewässerung (Seite 58 ff.) hinausläuft. Da je-
    doch das Modul nur 20 W anstelle von 50 W Leistung bringt, sind
    Durchfluss und Druck recht gering. Befestigen Sie eine Schnell-
    kupplung am Ende des Wasserschlauchs, der zum Befüllen der
    Tonne benutzt wird. Mit Hilfe eines passenden Anschlussstücks
    können Sie daran Ihren Schlauch zum Gießen anstecken.

INFO

Kosten

Solarmodul: 70 bis 150 €
Pumpe: 85 €
Schlauch: 15 bis 30 € (je nach Länge)
Holz: 25 bis 30 €
Kabel: 5 bis 10 € (je nach Länge)

Diverse Metallteile: 5 bis 10 €
Elektrisches Zubehör: 10 €

Gesamtkosten also ca. 215 bis 325 €.
Mit den klassischen Lösungen Seite 45 können Sie
diese Kosten gegebenenfalls verringern.

Solarbetriebene Warmwasser-Umwälzpumpe

Rechte Seite:
Das kleine Fotovoltaik-modul ist über den thermischen Kollektoren angebracht.

Schwierigkeitsgrad: Niedrig. Zeitaufwand: 2 bis 3 Stunden.

Betreiben Sie die Umwälzpumpe für Ihren solaren Warmwasserspeicher mit einem kleinen Solarmodul. Während der Sonneneinstrahlung wird der benötigte Strom erzeugt, so dass der Warmwasserboiler ohne Differenzialschaltung auskommt.

Funktionsweise

Die meisten Solar-Warmwassersysteme bestehen aus einem oder mehreren thermischen Sonnenkollektoren und einem Brauchwasser-behälter mit Wärmetauscher.

Der Wärmeaustausch funktioniert mit einer speziellen Flüssigkeit, die in den Leitungen zwischen den Kollektoren und dem Wasserboiler zirkuliert. Ähnlich wie bei einer Zentralheizung sorgt eine Umwälz-pumpe für die Zirkulation dieser Flüssigkeit. Eine Differenzialschal-tung mittels Temperatursensoren am Ausgang der Sonnenkollektoren und am Wärmetauscher schaltet die Umwälzpumpe, abhängig vom gemessenen Temperaturunterschied, ein oder aus. Meist sind überdi-

Skizze der fotovoltai-schen Stromversorgung einer Warmwasser-Umwälzpumpe.

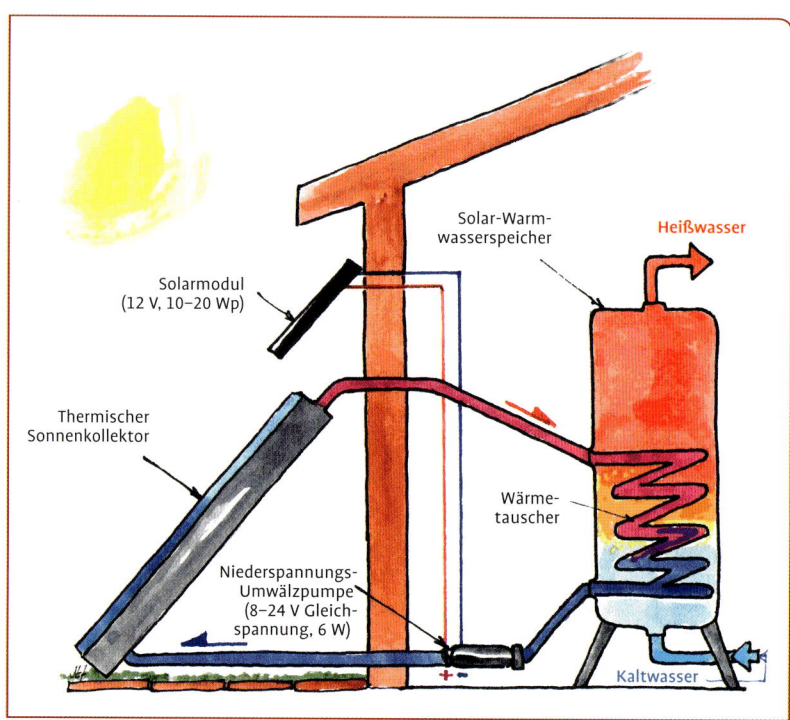

Solar-Warm-wasserspeicher

Heißwasser

Solarmodul
(12 V, 10–20 Wp)

Thermischer
Sonnenkollektor

Wärme-tauscher

Niederspannungs-Umwälzpumpe
(8–24 V Gleich-spannung, 6 W)

Kaltwasser

mensionierte Umwälzpumpen eingebaut, deshalb ist ihr Wirkungsgrad oft relativ niedrig, und ihr eigener Energieverbrauch verschlechtert die Ökobilanz des Solar-Warmwasserspeichers.

Wenn man den Wasserboiler direkt über dem Kollektor anordnet, kann man auf die Umwälzpumpe und die Differenzialschaltung verzichten, denn man erhält dann eine Thermosiphonanlage. Je größer der Temperaturunterschied ist, desto besser zirkuliert die Flüssigkeit, und das System regelt sich selbst. In Deutschland wird diese Technik wegen der Frostgefahr nicht angewandt. Bei Kollektoren in Bodennähe muss man auch mit Verschattungen rechnen. Daher ist die einfachste und eleganteste Lösung, die Umwälzpumpe direkt an ein Solarmodul anzuschließen. Diese muss jedoch mit 12 V Gleichstrom betrieben werden. Die meisten klassischen Modelle sind jedoch auf 230 V Wechselstrom ausgelegt.

Vorteile	Schwachpunkte
einfacher Aufbau	Wärmegewinnung ist gegenüber einem fein abgestimmten System nicht optimal
autarke Anlage	größere Investition notwendig
Selbstregelung	
geringer Stromverbrauch	

Berücksichtigen Sie also beim Einbau eines Solar-Warmwasserspeichers diese Option, die Ihr Installateur nicht unbedingt kennt. Falls Sie bereits eine solche Anlage haben, brauchen Sie nur die Umwälzpumpe auszutauschen (beziehungsweise austauschen zu lassen). Dieses einfache System hat entscheidende Vorteile.

Autarke Anlage: Kein Ausfall der Warmwasserversorgung im Falle eines Stromausfalls sowie die Möglichkeit, ein Inselsystem aufzubauen.

Eingebaute Selbstregelung: Die Geschwindigkeit (also der Durchfluss) der Umwälzpumpe hängt von der Sonneneinstrahlung ab. Je intensiver die Sonne scheint, umso mehr heizt sich die Flüssigkeit auf. Gleichzeitig läuft die Pumpe schneller, und mehr Wärme wird an das Wasser im Boiler übertragen. Unterschreitet die Sonneneinstrahlung ein gewisses Maß, stoppt die Umwälzpumpe, weil die Spannung zu schwach wird – dann ist aber auch keine Wärme mehr abzuführen.

Besserer Wirkungsgrad und niedriger Stromverbrauch. Dies ist allgemein gesehen vorteilhaft, denn eine normale Umwälzpumpe verbraucht ca. 150 bis 200 kWh pro Jahr. An Orten, die nicht ans Stromnetz angeschlossen sind, ist Energieeffizienz sowieso das A und O.

Austausch der Umwälzpumpe mit 230 V (unten) durch ein 12-V-Modell (oben).

Eine eingebaute Niederspannungs-Umwälzpumpe. Die Betriebs-LEDs sind durch die Abdeckung hindurch zu sehen.

Wahl der Bauteile

Umwälzpumpe

Es gibt Ausführungen, die mit Gleichstrom (12–24 V) arbeiten. Sie kosten zwar das Drei- bis Vierfache einer 230-V-Pumpe, aber ihr Wirkungsgrad ist viel höher – ihre Leistung allerdings deutlich geringer. Der Stromverbrauch liegt aber bei nur einem Drittel, nämlich ca. 6 W anstatt 18 W beim 230-V-Modell. Hier die Leistungsdaten einer Niederspannungs-Umwälzpumpe, wie Sie sie im Solarzubehörhandel finden können.

- Spannung: 8 bis 24 V Gleichstrom
- strapazierfähiger, statischer Motor
- aus Bronze nahtlos gegossenes Gehäuse
- auf Keramikwelle gelagerter Rotor
- keine Korrosion, Leckage oder Abnutzung
- Durchmesser am Eingang 15 mm und am Ausgang 21 mm

Solarmodul

Angesichts der geringen Leistung der Pumpe reicht ein Modul mit 10 W_p aus. Sie können aber die Leistung des Moduls an die folgenden Gegebenheiten anpassen:

- die Größe der thermischen Solaranlage (Anzahl der Solar-Kollektoren)
- den Druckabfall, der von der Länge und dem Durchmesser der Leitungen sowie der Anzahl und dem Biegeradius der Bögen abhängt
- die geografische Lage, das heißt den Unterschied der fotovoltaischen Stromerzeugung von bis zu 25 % zwischen Nord- und Süddeutschland

Ein Modul mit 20 W_p sorgt für einen gleichmäßigeren Betrieb: Die Umwälzpumpe stoppt seltener bei geringerer Sonneneinstrahlung und läuft auch bei bedecktem Himmel und im Winterhalbjahr, wenn auch langsamer.

Material

1 Solarmodul mit 20 W_p
1 Umwälzpumpe 12 V, 6 W
1 flexibles Außenelektrokabel $2 \times 1,5$ mm², gummiummantelt
   (Länge je nach Bedarf)
1 Wellrohr zum Schutz des Kabels bei unterirdischer Verlegung
1 Lüsterklemme
1 Verteilerdose
1 Profileisen aus Aluminium oder eine Holz-Dachlatte

Zusammenarbeit zwischen dem Solarmodul und dem thermischen Sonnenkollektor: Das kleine Modul treibt die Umwälzpumpe des Warmwasserspeichers an.

Werkzeug
- elektrische Bohrmaschine
- einfaches Elektrowerkzeug

Bauanleitung
Die Umwälzpumpe wird an das Solarmodul angeschlossen. Da die Stromstärke des Moduls in etwa der der Umwälzpumpe entspricht, wird keine Sicherung benötigt. Wir gehen hier davon aus, dass die Umwälzpumpe bereits in den Wärmetauscherkreislauf des Boilers eingebaut wurde, und zwar am Rücklauf („kalt", unten). Diese Installationsarbeiten werden hier nicht erklärt. Falls Sie diese nicht selbst durchführen können (bei einem Austausch der Umwälzpumpe muss der Wärmetauscherkreislauf entleert werden), sollten Sie einen Installateur hinzuziehen.

1   Schließen Sie das Kabel $2 \times 1,5$ mm^2 an das Anschlussgehäuse des Moduls an (je nach Gehäusetyp). Die Länge des Kabels hängt von der Entfernung zwischen dem Modul und der Umwälzpumpe ab. Kalkulieren Sie genügend Spielraum ein.

2   Je nach Situation vor Ort, insbesondere falls Sie die Kabel unterirdisch zum Haus verlegen, sollten Sie diese mit einem Wellrohr schützen.

3   Der weitere Aufbau ist identisch mit dem des Zierbrunnens, somit können Sie sich mit den Fotos der Seite 52 behelfen.
    Schneiden Sie zwei Kabeleinführungsabdichtungen an der Verteilerdose auf. Führen Sie in diese die Kabel des Moduls und die Adern der Umwälzpumpe ein. Isolieren Sie ihre Endstücke auf 1 cm ab, verdrillen und verzinnen Sie die Litzen. Verbinden Sie jeweils die beiden Plus- und die zwei Minusdrähte in der Lüsterklemme. Befestigen Sie die Dose an der Mauer neben der Umwälzpumpe. Passen Sie die Lüsterklemme in die Dose ein und schließen Sie die Abdeckung.

4   Befestigen Sie das Solarmodul (nach Süden ausgerichtet) an einem geeigneten Platz, etwa an einem Pfosten, einer Mauer oder an einem Rahmen über oder neben den thermischen Sonnenkollektoren. Er kann auch etwas weiter entfernt von den Kollektoren aufgestellt werden, sollte sich jedoch den ganzen Tag über in der Sonne befinden (zumindest zwischen 9 und 15 Uhr nach Sonnenstand). Dies gilt auch für den Winter, weil während dieser Jahreszeit der Solar-Warmwasserspeicher das warme Brauchwasser zumindest vorheizt. Befestigen Sie bei Bedarf das Solarmodul an der Bedachung, auch wenn sich die Sonnenkollektoren woanders befinden. Das Kabel kann unter der Dachdeckung, möglicherweise durch den Dachboden, zur Umwälzpumpe geführt werden. Wählen Sie eine mittlere Neigung von 30 bis 45° oder auch etwas weniger, wenn sich das Modul auf einem flacheren Dach befindet.

Befestigen Sie es wenn möglich auf einem beweglichen Rahmen, um die Neigung an die Jahreszeit anzupassen, also bis zu 60° im Winter, zur optimalen Nutzung der Sonnenenergie.

Funktion

Prüfen Sie die ordentliche Funktion der Anlage. Sobald die Kollektoren für den Warmwasserspeicher morgens der Sonneneinstrahlung ausgesetzt sind, muss die Umwälzpumpe anspringen – eine oder mehrere Farb-LEDs zeigen ihren Betrieb an. Sie muss normalerweise warm werden, auch wenn sie sich am Rücklauf „kalt" der Wärmetauscherschlange befindet. Andernfalls läuft sie nicht oder die Flüssigkeit zirkuliert nicht richtig; möglicherweise befindet sich Luft im Kreislauf und er muss entlüftet werden. Sollte die Umwälzpumpe nicht anlaufen, prüfen Sie mit dem Multimeter, ob Strom an der Lüsterklemme ankommt. Wenn dies nicht der Fall ist, prüfen Sie zuerst die Verbindung zum Solarmodul.

Die Umwälzpumpe verfügt über eine Einstellschraube für die Durchflussregulierung. Wenn der Durchfluss zu hoch ist, können Sie die Einstellung ändern, da sich die Wärmeübertragung im Boiler bei einer zu kurzen Durchlaufzeit im Wärmetauscher verringert. Der Temperaturunterschied zwischen dem Ein- und Ausgang am Wärmetauscher sollte etwa 10 °C betragen (außer am Ende der Wassererhitzung). Dies können Sie mit einem Infrarot-Thermometer an den Schlauchanschlüssen am Boiler ablesen.

Prüfen Sie die Funktion an einem bewölkten Tag oder bei Wolkendurchzug: Die Umwälzpumpe muss dann langsamer laufen. Wenn sie gar nicht läuft, wird die Wärme nicht umgewälzt und es besteht ein Überhitzungsrisiko der Kollektoren.

Falls nicht schon von Anfang an eingeplant, dann ziehen Sie jetzt den Einbau einer Vorrichtung zum Verstellen des Solarmodul-Nei-

Links: Rückseite des Moduls mit Feststellbügeln für den Neigungswinkel.

Rechts: Der Boiler für das Warmwasser mit der Eingangs- (oben) und Ausgangsleitung (unten) des Wärmetauschers. Sie sind gegen Wärmeverlust mit Schaumstoff ummantelt.

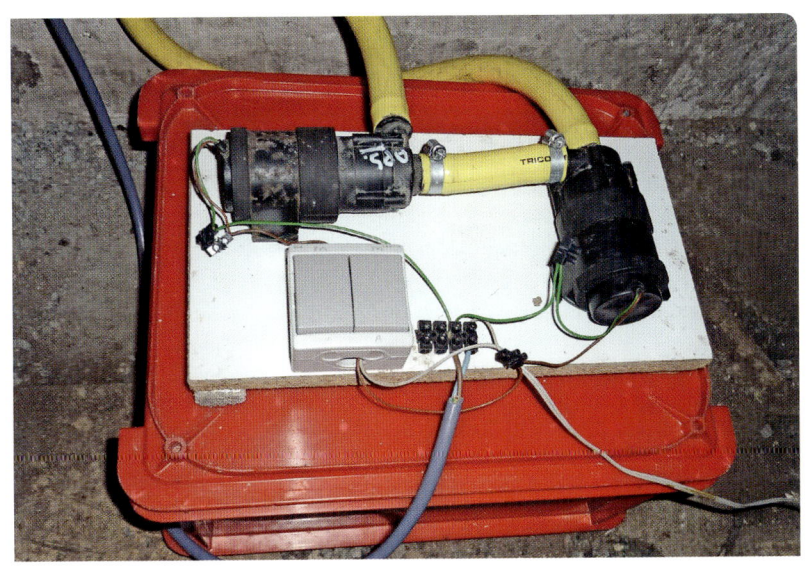

In diesem System sind zwei hintereinander geschaltete Pumpen für Kfz-Heizungen verbaut: Da der zugehörige Sonnenkollektor gegenüber den Pumpen höher montiert ist, muss man den Flüssigkeitsdruck überwinden, um den Kreislauf aufrechtzuerhalten.

gungswinkels in Betracht. In Regionen mit geringerer Sonneneinstrahlung müssen Sie gegebenenfalls die Leistung des Moduls erhöhen.

Normalerweise ist die Umwälzpumpe wartungsfrei. Prüfen Sie dennoch mehrmals pro Jahr die Funktion des Systems, zum Beispiel wenn Sie den Neigungswinkel des Moduls an die Jahreszeit anpassen.

Eine andere, Kosten sparende Lösung

Als Alternative zur gekauften Umwälzpumpe können Sie auch eine Pumpe für den Pkw-Heizkreislauf verwenden, die Sie meist als Schnäppchen auf dem Schrottplatz bekommen können. Ihr Verbrauch ist höher, daher ist ein Modul mit wenigstens 20 W_p notwendig. Ein anderer Nachteil ist, dass die Lebensdauer einer solchen gebrauchten Pumpe nicht absehbar ist.

INFO

In diesem System sind zwei hintereinander geschaltete Pumpen für Kfz-Heizungen verbaut: Da der zugehörige Sonnenkollektor gegenüber den Pumpen höher montiert ist, muss man den Flüssigkeitsdruck überwinden, um den Kreislauf aufrechtzuerhalten.

Kosten

Solarmodul: 70 bis 150 €
Umwälzpumpe: 320 bis 450 €
Elektrokabel und elektrisches Zubehör: 20 bis 50 €
Gesamtkosten also ca. 410–650 €.

Da Sie keine Differenzialschaltung benötigen, sparen Sie jedoch Kosten (einmalig 150 bis 200 €) plus 15 bis 20 € pro Jahr an Ihrem Stromverbrauch, das macht in 10 Jahren noch einmal 150 bis 200 € aus!
Eine Pumpe für den Kfz-Heizkreislauf bekommt man als Schnäppchen für 10 bis 20 €.
Außerdem bleiben Ihnen auch noch die klassischen Lösungen zur Kostensenkung (Seite 45).

Gebläse für einen Trockner (Darre)

Schwierigkeitsgrad: Niedrig. Zeitaufwand: 1 Stunde.

Ein Turboantrieb für Ihre Gemüse- und Obstdarre: Ein durch ein kleines Solarmodul angetriebenes Gebläse macht die Trocknung durch die Sonne noch effektiver. Dies ist ein weiteres Anwendungsbeispiel für selbstregulierende Systeme, die bei Sonnenschein funktionieren.

Robert Chiron (Vorsitzender des Vereins „Bolivia Inti-Sud Soleil") präsentiert seine Sonnendarre. Die im Sonnenkollektor aufgeheizte Luft wird in den Trockenschrank geleitet. An der aufgeblähten Folie erkennt man, dass das Gebläse in Betrieb ist. Das Thermometer auf dem Trockenschrank zeigt die vom Sensor im Inneren des Schranks gemessene Temperatur.

Funktionsweise

Das Trocknen ist eine ideale Art der Konservierung. Im Sommer kann man mit einer Sonnendarre Obst (Pflaumen, Äpfel, Birnen, Aprikosen, Trauben usw.) und Gemüse (Tomaten, grüne Bohnen, Kohl usw.) dörren, wobei sie ca. 70 bis 80 % ihres Wassergehalts verlieren.

Die effizienteste Sonnendarre funktioniert indirekt und besteht aus den folgenden Elementen:

- einem Sonnenkollektor zur Lufterwärmung (schwarzes Blech in einem Glasgehäuse)
- einem Trockenschrank mit Gitterrosten

Die Luft dringt am einen Ende des Kollektors ein, heizt sich in der Sonne auf und tritt am anderen Ende wieder aus. Die Grundversion funktioniert durch passive Thermo-Zirkulation, das heißt die Luft tritt

unten am Kollektor ein, durchströmt den Trockenschrank und tritt oben wieder aus. Mit einem Gebläse lässt sich die Zirkulation der warmen Luft verstärken und so die Trocknung beschleunigen. Die Sonnendarre erhält so einen aktiven Charakter – einen Turboantrieb gewissermaßen.

Vorteile	Schwachpunkte
autarker Betrieb	keine
eingebaute Selbstregulierung	
bessere Trocknungsfunktion	

Der Kollektor, der bei dieser Anordnung nicht unter dem Trockenschrank platziert werden muss, kann sehr groß sein und somit ein paar Meter entfernt aufgebaut werden. Die warme Luft strömt dann durch einen flexiblen Schlauch.

Die ideale Anordnung für eine 100%ige Versorgung mit Sonnenenergie erhalten Sie, indem Sie den Ventilator (12 V Gleichspannung) direkt an ein Solarmodul anschließen.

Dieses System bietet die gleichen Vorteile wie die Versorgung der Umwälzpumpe eines Warmwasserspeichers mit Solarstrom:
• unabhängige Stromversorgung
• Selbstregulierung, weil die Luftströmung durch den Ventilator von der Sonneneinstrahlung abhängt. Je intensiver die Sonne scheint, desto mehr heizt sich die Luft im Sonnenkollektor auf, desto schneller läuft aber auch der Ventilator und bläst die heiße Luft in den Trockenschrank. Wenn sich die Sonneneinstrahlung verringert, wird das Gebläse langsamer oder steht still.

Wahl der Bauteile

Am einfachsten ist es, einen Bausatz zu verwenden. Hier die Leistungsdaten einer Gebläseeinheit mit Solarantrieb, wie Sie sie im Elektronikhandel kaufen können (Seite 203). Normalerweise werden diese Bausätze dafür eingesetzt, im Sommer die Warmluft aus einem Gewächshaus, einem Gartenhäuschen oder Dachboden abzuziehen. Ein solcher Bausatz eignet sich aber auch sehr gut für unsere Sonnendarre mit Solargebläse:
• amorphes Solarmodul 12 V, 5 W_p (Maße: 29 × 21 cm)
• Ventilator mit 12 V und 5 W, Gehäuse (Ø 9 cm) mit Schutzgitter, 5 m Elektrokabel 2 × 0,75 mm² mit Schnellkupplung zum Anschluss am Modul

Bei optimaler Sonneneinstrahlung beträgt der Durchsatz des Ventilators 60 m³ pro Stunde (1 m³/min), was zur Luftumwälzung im Sonnenkollektor völlig ausreicht.

Material

1 Bausatz für ein Gebläse mit Solarantrieb
3 m Wellrohr aus Aluminium, Ø 9 cm (kein PVC, da die heiße Luft
    die Gefahr der Emission flüchtiger organischer Verbindungen her-
    vorruft)
20 cm Metallrohr Ø 9 cm
4 Holzschrauben 3 × 35 mm
2 Kabelschellen (Ø 10 cm) oder Klebeband
feines Drahtschutzgitter 10 × 10 cm
starker Klebstoff

Werkzeug

elektrische Bohrmaschine
Kreissäge mit Schweifsägeblatt
Kreuzschlitzschraubendreher

Bauanleitung

Nach dem Anschluss des Ventilators am Sonnenkollektor zur Luftumwälzung ist die weitere Montage sehr einfach: Der Ventilator muss
dann nur noch am Solarmodul angeschlossen werden. Der Aufbau
des Trockenschranks wird hier nicht erläutert. Vergleichen Sie hierzu
die Homepage von Bolivia Inti-Sud Soleil, Seite 203.

   Bohren Sie ein Loch mit einem Durchmesser von 9 cm auf der einen
Seite des thermischen Sonnenkollektors in das flache Sperrholzge-
häuse, das das mattschwarze Wellblech enthält und mit einer trans-
parenten Folie aus Polyethylen versehen ist.

   Drücken Sie ein Metallrohrstück mit demselben Durchmesser und
ca. 10 cm Länge in das Loch und verkleben Sie es. Hier passen Sie
später das flexible Alu-Wellrohr ein.

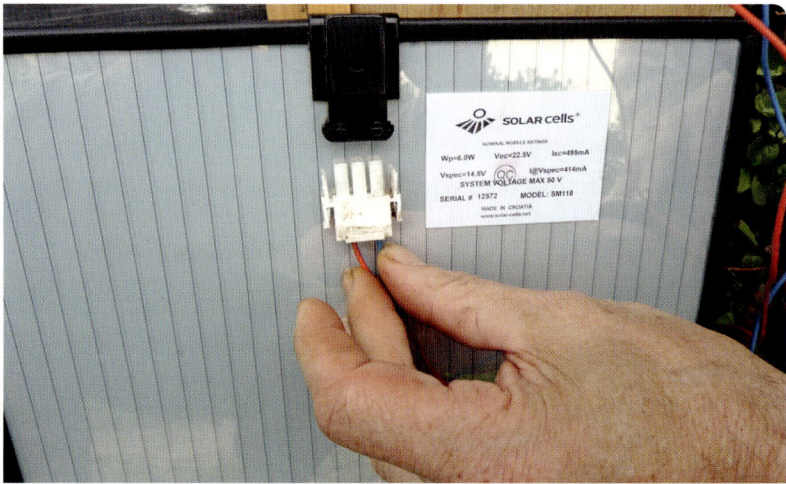

Anschluss des Ventila-
torkabels am Kollektor
mit Steckerkennung zur
Vermeidung eines
Falschanschlusses.

Links: Der Ventilator ist am Fotovoltaik-modul angeschlossen.

Rechts: Das Schutz-gitter verhindert die versehentliche Berührung des Rotors.

Bohren Sie ein Loch gleicher Größe am anderen Ende des Kollektors (seitlich oder vorn). Bringen Sie den Ventilator an diesem Loch an, wobei Sie ein Stück feines Drahtschutzgitter zwischen das äußere Schutzgitter und den Ventilator legen, um das Eindringen von Insekten zu verhindern. Befestigen Sie alles mit vier Holzschrauben.

Bohren Sie unten am Trockenschrank (Kasten aus Sperrholz) ein weiteres Loch mit Ø 9 cm. Befestigen Sie, wie zuvor am Kollektor, ein Stück Kunststoffrohr daran. Schließen Sie den Stecker des Ventilatorkabels an der passenden Buchse am Solarmodul an.

Passen Sie die beiden Enden des Alu-Wellrohrs an den Rohrstücken am Sonnenkollektor und am Trockenschrank an und befestigen Sie sie gut mit Kabelschellen oder Klebeband. Jetzt ist unsere solarbetriebene Turbo-Darre betriebsbereit.

Funktion

Funktionstest der Darre

Stellen Sie den thermischen Sonnenkollektor und das Fotovoltaik-Solarmodul in die Sonne.

Der Ventilator muss anlaufen. Falls nicht, wird der Rotor von irgendetwas blockiert.

Prüfen Sie im Trockenschrank, ob die Luft durch das Wellrohr einströmt. Nach ein paar Minuten muss sich die Luft aufheizen, was Sie an einem Thermometer (am besten einem mit Funksensor) ablesen können. Die Temperatur sollte für eine gute Dörrung zwischen 45 und 50 °C liegen. Bei einer höheren Temperatur werden die Lebensmittel nicht mehr getrocknet, sondern gegart! Um die Temperatur zu regeln, können Sie die Plexiglastür des Trockners mehr oder weniger öffnen.

Links: Im Trocken-
schrank sehen Sie drei
Gitterroste mit Lebens-
mitteln zum Trocknen.
Die Front kann mit ei-
nem Plexiglasfenster
geschlossen werden.

Rechts: Vor und nach
3 Tagen Trocknung –
Pflaumen verlieren
dabei etwa die Hälfte
ihres Gewichts.

Beginn der Trocknung

Wählen Sie am besten einen Zeitraum, in dem die Sonne für mehrere
Tage ununterbrochen scheinen soll. Legen Sie Obst und Gemüse zum
Trocknen auf die Gitterroste. Informieren Sie sich über die hier ge-
zeigten Methoden in speziellen Läden oder im Internet.

Aufgrund seiner Länge braucht der rechteckige Sonnenkollektor
tagsüber nur einmal neu ausgerichtet zu werden. Vormittags sollte er
nach Süden, nachmittags nach Westen zeigen. Neigen Sie ihn, bis er
fast senkrecht zu den Sonnenstrahlen ausgerichtet ist. Lehnen Sie das
Fotovoltaikmodul an den Rand des thermischen Kollektors, damit
auch dieses stets gut ausgerichtet ist.

Der „aktive" Teil unserer
Darre ist fertig.

Alternativ können Sie einen kleinen 12-V-Ventilator aus einem kaputten oder nicht mehr benutzten Gerät verwenden. Das Wellrohr ist aus Aluminium. Die Leistung des amorphen Moduls (5 W_p) ist an die des Ventilators angepasst (4 W).

Eine optimale Trocknung darf nicht zu schnell gehen – sie braucht 2–3 Tage. Vermeiden Sie eine erneute Feuchtigkeitsaufnahme, indem Sie den Trockenschrank nachts ins Haus bringen.

Die getrockneten Lebensmittel können Sie über den ganzen Winter in Säckchen, Tüten oder Einmachgläsern aufbewahren. Die Bildung von Kondenswasser weist darauf hin, dass die Trocknung nicht abgeschlossen war.

INFO

Kosten
Fotovoltaik-Bausatz: 85 €
Zubehör: 15 €
Gesamtkosten also ca. 100 €.

Um die Kosten zu senken, können Sie Folgendes verwenden:
Einen 12-V-Ventilator mit geringem Verbrauch (ein paar W) aus einem kaputten Gerät, den sie an ein (eventuell bereits vorhandenes) Modul mit gleicher oder etwas höherer Leistung anschließen. Einen Abluftventilator mit Solarantrieb (50 bis 100 €), aber mit geringem Durchsatz.

Mögliche Verwendungszwecke für eine kleine Solardarre: Testen des Dörrens mit Solartechnik oder auch für Vorführungen durch entsprechende Vereine, Öko-Energie-Aufklärung usw.

Links: Solarbetriebener Abluftventilator, Modulseite. Rechts: Auf der Rückseite erkennt man den Ventilator.

Automatisches Sonne-Nachführsystem

Schwierigkeitsgrad: Mittel. Zeitaufwand: 1 Tag.

Mit drei Solarzellen und einem Grillmotor können Sie eine einfache Vorrichtung bauen, die automatisch dem Stand der Sonne folgt. Das System regelt sich selbst und benötigt keine spezielle Elektronik. Die Verwendungsmöglichkeiten sind vielfältig.

Funktionsweise

Es handelt sich hierbei um ein einfaches Nachführsystem (englisch: *Tracker*). Es nutzt die unterschiedliche Stellung des Solarmoduls zur Sonne. Die obere Platte wird über eine Rolle von einem kleinen Elektromotor angetrieben. Zu Beginn steht das kleine Modul parallel zu den Sonnenstrahlen und der Motor steht still. Mit dem Lauf der Sonne (15° pro Stunde) erzeugt das Modul mehr und mehr Strom, bis er ausreicht, den Motor zu starten. Die obere Platte dreht sich dann im Uhrzeigersinn, also nach der Sonne, bis das kleine Modul erneut ungünstig zur Sonne steht und die Drehbewegung gestoppt wird. Dieses Spiel wiederholt sich, so dass die Platte dem Sonnenstand den ganzen Tag immer wieder folgt. Trotz der unsteten Drehbewegung lassen sich viele Geräte, wie etwa ein Solarkocher oder ein größeres Solarmodul, ohne weiteres betreiben.

Rechts: Ein auf dem Tracker angebrachtes Modul mit 20 W$_p$ folgt der Sonne und erhöht so seine Stromproduktion. Das kleine Modul links bewegt die gesamte Einheit.

Unten: Grillmotor.

Vorteile	Schwachpunkte
einfacher Aufbau	kein Schutz gegen Regen
autarkes System	
Selbstregelung	
Vielseitigkeit	

Wahl der Bauteile

Motor

Für dieses System eignet sich der Drehmotor eines Grillspießes:

- Er ist leicht zu beschaffen und nicht teuer
- Er ist mit einem Getriebe ausgerüstet, das mit 1,5 V betrieben wird (Batterie oder Akku-Typ R20).

Solarmodul

Die Spannung von 1,5 V wird durch 3 Solarzellen zu 0,5 V bereitgestellt, die in Reihe geschaltet sind. Bei voller Sonne liefern sie einen maximalen Strom von 1 A: Das Modul hat also eine Leistung von $0,5 \times 1 = 0,5$ W_p. Solche Zellen können Sie in Elektronikzubehörläden finden (Seite 203).

Rollen

Zum Antrieb der oberen Platte wird eine Kunststoffrolle mit einem Durchmesser von 7 cm am quadratischen Loch des Grillmotors angebracht. Die Lauffläche ist rutschfest mit Gummi überzogen. Sie können auch eine Holzrolle verwenden. Die Platte liegt auf zwei weiteren Rollen auf, die auch die Drehbewegung unterstützen. Durch Metallunterlegscheiben oder eine dünne Sperrholzschicht sind diese beiden Rollen etwas höher als die Antriebsrolle.

Drehachse

Die Drehachse ist ein Metallstift (oder Holzstift, aber achten Sie auf die Reibung), der zwischen den beiden Platten angebracht ist, oder aber eine Gewindestange, die mit der unteren Platte (oder mit einem Bolzen) verschraubt ist.

Material

3 Solarzellen 0,5 V, 1 A
1 Grillmotor
60 cm flexibles Elektrokabel mit 2 Adern 0,75 mm², mit roter (oder brauner) und blauer Isolierung
2 kleine Ringkabelschuhe (zum Quetschen oder Löten)
1 Rolle Ø 7 cm ohne Achse (Loch 10 mm)

Materialübersicht. Das verwendete Holz (OSB, Grobspanplatte) verträgt unbehandelt keine Feuchtigkeit.

2 Rollen zum Einschrauben (wenn möglich mit Kugellager), Höhe 7 bis 8 cm
2 Spanplatten für die Außenverwendung, Stärke 18 mm: 42 × 42 cm
1 Brettchen, Stärke 10 mm: 6,5 × 28,5 cm
1 Brettchen, Stärke 12 mm: 5 × 12 cm
1 Dünnes Brettchen: 2 × 6 cm
4 Holzstücke, Stärke 2 cm: 3 × 3 cm
40–45 cm Rohr aus Kunststoff oder Metall, Ø 15 mm
1,5 cm Metallrohr, Ø 12 mm
1 Bolzen 10 × 50 mm
11 cm Gewindestift Ø 10 mm (oder 1 Bolzen 10 × 100 mm)
1 oder 2 Muttern 10 mm
2 Unterlegscheiben (Loch 10 mm)
3 Rohrschellen Ø 15 mm
2 Rohrschellen Ø 40 mm
4 Spanplattenschrauben 4 × 45 mm
5 Spanplattenschrauben 4 × 35 mm
5 Spanplattenschrauben 4 × 20 mm
Schrauben (oder Bolzen mit Mutter) je nach Typ der Rollen

1 Fahrradschlauch
Starkes Klebeband
Starker Klebstoff
Silikon
Außenfarbe, Lack oder Lasur

Werkzeug
elektrische Bohrmaschine und Bits
Säge (Stichsäge oder Fuchsschwanz)
elektrische Schleifmaschine (oder Eisenfeile und Schraubstock)
Kombizange
2 17er-Schlüssel
1 7er-Schlüssel
Schlüssel für die Rollen (je nach Typ)
Holzbohrer mit 3, 8, 10 und 12 mm
Maßband, Lineal, Bleistift
Sandpapier, einfaches Elektrowerkzeug (Seite 32)

Bauanleitung
Vorbereiten der beiden Holzplatten
Vor der Montage: Streichen, lackieren oder lasieren Sie alle Holzteile.

1   Runden Sie die Ecken und Kanten der Platten ab (Ergonomie und
    Gebrauchsfestigkeit).
2   Befestigen Sie die vier kleinen Holzstückchen (Füßchen) an den
    Ecken der unteren Platte mit den Schrauben 35 mm.
3   Bohren Sie ein Loch mit 10 mm Ø in die Mitte der unteren Platte.
    Befestigen Sie den 11-cm-Gewindestift mit einer Mutter und einer
    Unterlegscheibe auf jeder Seite der Platte (oder den 10-cm-Bolzen
    mit einer Mutter).
4   Bohren Sie ein Loch mit 12 mm Ø und 15 mm Tiefe in die Mitte
    der oberen Platte. Versenken Sie das 15-mm-Metallrohr bis
    zum Rand des Lochs: Es wird die Achse mit geringer Reibung
    führen.

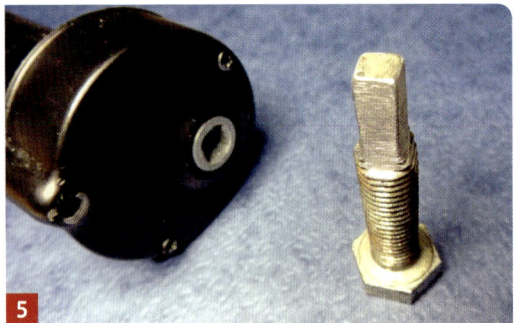

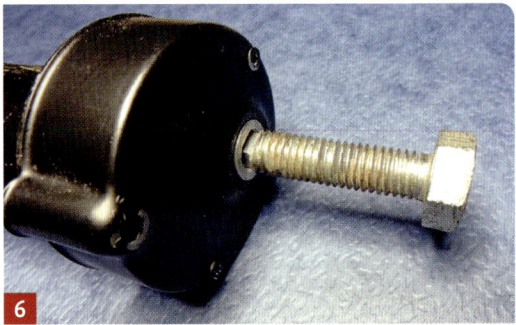

5   Ziehen Sie mit der Zange den Metallstift, der oben aus dem Motor für den Drehspieß herausragt, heraus. Schleifen Sie den Bolzen 10×50 mm mit der Schleifmaschine (oder der Eisenfeile) auf einer Länge von 15 mm auf einen quadratischen Querschnitt von 6×6 mm ab.

6   Somit kann er in das Loch am Motorkopf eingepasst werden.

7   Schneiden Sie aus dem Fahrradschlauch ein Stück von 22×1 cm aus. Kleben Sie es in die Mitte der Lauffläche der Antriebsrolle.

8   Streichen Sie den Bolzen dick mit starkem Klebstoff ein, schieben Sie ihn durch das Loch der Laufrolle und stecken Sie ihn anschließend in das quadratische Loch am Motorkopf.

9   Ziehen Sie einen Kreis mit 36 cm Ø auf der unteren Platte. Markieren Sie nun die Positionen der drei Rollen, die Sie gleichmäßig auf dem Kreis verteilen. Befestigen Sie dann die zwei Führungsrollen. Je nach Typ werden sie mit Holzschrauben befestigt oder es muss ein Loch in das Holz gebohrt werden, um sie mit Metallschrauben und Muttern mit der Platte zu verbinden.

10   Befestigen Sie mit zwei halben Rohrschellen Ø 40 mm und vier Schrauben 45 mm den Motor auf der Platte, wobei Sie das Brettchen mit 12 mm dazwischen legen, damit die Rolle dieses Brett nicht berührt. Lassen Sie etwas Spiel zwischen der Antriebsrolle und der Platte und vergrößern Sie gegebenenfalls mit Hilfe eines Keils aus Karton den Abstand zwischen Motor und Platte.

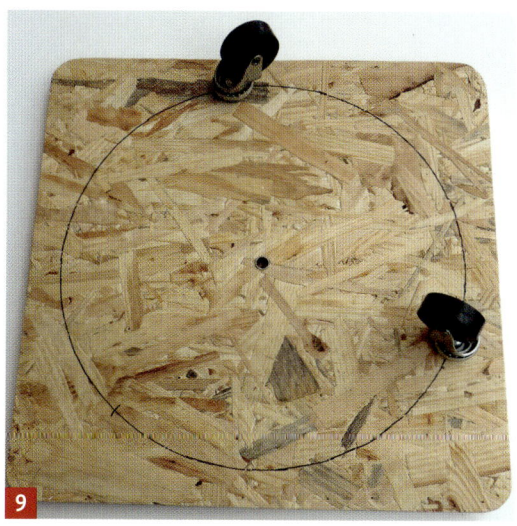

Anschluss des Motors an das Solarmodul

1 Entfernen Sie die hintere Halbschelle und schrauben Sie den Deckel des Batteriefachs ab.
   Isolieren Sie die Enden der Kabeladern ab und löten Sie diese an die Plus- und Minuspole der Batterieklemmen.
2 Durchbohren Sie den Deckel und ziehen Sie die Adern durch.
   Schließen Sie den Deckel und befestigen Sie die Halbschelle.
3 Somit ist die obere Platte fertig.

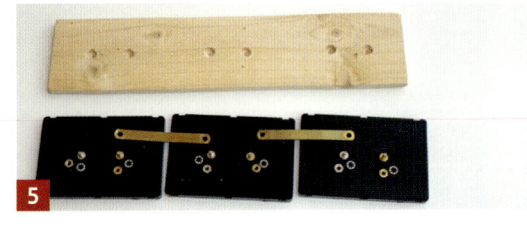

Die Antriebsrolle darf die obere Platte nicht
berühren.

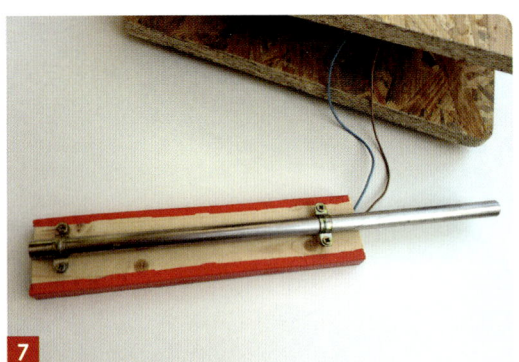

4   Stecken Sie die Achse der unteren Platte in das Loch der oberen
    Platte. Prüfen Sie die Höheneinstellung der Laufrollen: Sie müs-
    sen alle Kontakt zur unteren Platte haben. Vergrößern Sie notfalls
    durch dicke Unterlegscheiben oder Faserplattenstückchen den Ab-
    stand der Laufrollen von der oberen Platte, damit sie auf der unte-
    ren Platte aufliegen.

5   Markieren Sie auf dem Brettchen 6,5 × 28,5 cm die Stellen für die
    elektrischen Anschlüsse (auf der Rückseite der Solarzellen). Boh-
    ren Sie mit dem 8-mm-Bohrer Löcher mit 5 mm Tiefe. Jede Zelle
    wird mit einer Messing-Anschlussleiste geliefert.

6   Schalten Sie mit zwei Leisten drei Zellen unter Beachtung der Po-
    larität in Reihe, der Pluspol der einen muss an den Minuspol der
    nachfolgenden angeschlossen werden. Ziehen Sie sie mit einer da-
    zwischen gelegten Sicherungsscheibe und den Muttern mit einem
    7er-Schlüssel (oder mit der Zange) an. Kürzen Sie die blaue Ader.
    Befestigen Sie Ringkabelschuhe an den Enden der Adern, die Sie
    zuvor auf 5 mm abisoliert haben. Verschrauben Sie die Kabel-
    schuhe unter Beachtung der Polarität an den freien Klemmen der
    Zellen.

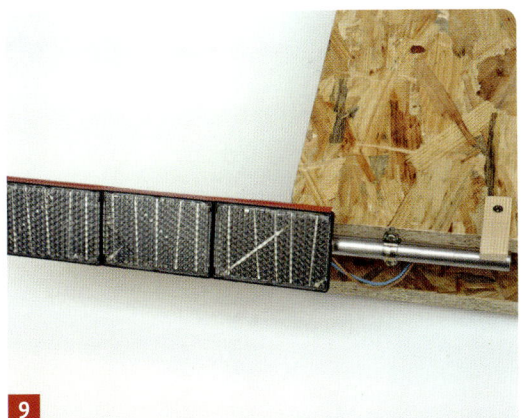

7 So stellen Sie das Modul fertig: Bringen Sie auf dem Brettchen
   ein wenig Silikon dort auf, wo sich die Anschlüsse befinden werden. Befestigen Sie die Rückseite der Zellen. Kleben Sie starkes
   Klebeband entlang der Seiten, aber nicht auf der Stirnseite der
   Zellen. Befestigen Sie mit zwei Halbschellen 15 mm und vier
   Schrauben 20 mm das Rohrstück auf der Rückseite des Brettchens. Ziehen Sie die Schrauben nur leicht an, so dass Sie das
   Modul später etwas drehen können (Einstellung des Neigungswinkels).
8 Schrauben Sie mit einer 45-mm-Schraube eine 15-mm-Schelle auf
   die Kante der oberen Platte, mit einem Abstand von 8 cm zur Ecke
   und in Höhe des Motors. Kleben Sie die Elektrodrähte unter der
   Platte an.
9 Befestigen Sie mit einer 20-mm-Schraube das Brettchen 2 × 6 cm
   in einem Abstand von 17 cm von der Ecke der oberen Platte.
10 Durch Entsperrung dieses Riegels kann das Rohr um eine halbe
   Umdrehung gedreht werden, um das Modul an der Längsseite der
   Platte zu verstauen: Dies minimiert beim Aufräumen den Platz-
   bedarf.
11 Streichen, lackieren oder lasieren Sie die Holzteile, um sie vor
   Witterungseinflüssen zu schützen.

Funktion
Wählen Sie einen sonnigen Tag und stellen Sie das System im Freien
auf den Boden. Schalten Sie den Motor mit dem roten Schalter ein.
Richten Sie das Modul nach der Sonne aus und neigen Sie es, bis
seine Oberfläche fast senkrecht auf die Sonnenstrahlen ausgerichtet
ist. Der Motor muss anlaufen und die Platte sich drehen. Falls nicht,
dann prüfen Sie die Spannung am Ausgang des Moduls und an den
Klemmen am Motor, um einen schlechten elektrischen Kontakt auszuschließen.

INFO

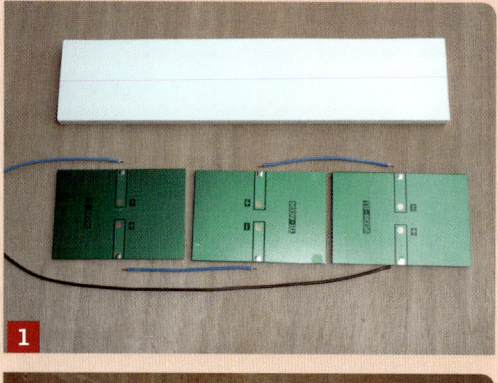

Montage-Variante

In Harz eingebettete und somit wasserdichte Zellen sind natürlich von besserer Qualität. Mit diesen verläuft die Montage anders: Auf der Rückseite der Zellen sind die Klemmen auf der Leiterplatte angelötet.

1 Legen Sie die drei Zellen so ab, dass die mittlere andersrum liegt als die beiden anderen.
2 Schalten Sie sie in Reihe, indem Sie die Adern (an den abisolierten und verzinnten Enden) an die Klemmen anlöten.
3 So ergibt sich ein schöner aussehendes und widerstandsfähigeres Modul.

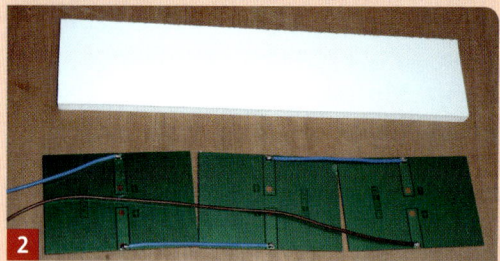

Sollte die obere Platte durchrutschen, müssen Sie die Höhe der Laufrollen verändern.

Falls sich die Platte gegen den Uhrzeigersinn drehen sollte, müssen Sie den Schalter am Motor in die andere Richtung schieben.

Nach ein paar Sekunden wird der Motor langsamer, bis er zum Stillstand kommt: Die Stromzufuhr ist für die Überwindung der Trägheit und Reibung der Platte unzureichend. Notieren Sie sich die Position der Platte. Nach einer halben Stunde werden Sie feststellen, dass sich die Position verändert hat, denn die Platte hat sich mit der Sonne gedreht.

Probieren Sie das System mit einem schweren Gegenstand auf der Platte aus. Das Getriebe hat eine gute Übersetzung, die leicht ein Gewicht von 10–15 kg antreiben kann. Allerdings müssen Sie vielleicht den Abstand zwischen der Antriebsrolle und der oberen Platte erhöhen sowie die Position der Laufrollen ausrichten. Hiermit verfügen Sie nun über ein Solar-Nachführsystem, das Sie für folgende Zwecke verwenden können:

• Für eine automatische Ausrichtung Ihres kastenförmigen „Backofens".
• Um die Leistung eines Moduls mit 20 bis 30 W_p um 30 bis 40 % zu erhöhen. Da die Platte abends nach Westen ausgerichtet stehen

Kosten
Solarzellen: 15 €
Motor: 12 €
Holz: 20 €
Laufrollen: 10 bis 15 €
Metallteile: 5 bis 10 €
Gesamtpreis also ca. 62 bis 72 €.

Mit gebrauchtem Material (Holz, Laufrollen, Metallteile) lassen sich die Kosten um 50 % senken.

1. Dieses Modell hat ein Mitglied des Vereins Bolivia Inti-Sud Soleil (Adresse Seite 203) gebaut. Die Feder verbessert den Kontakt zwischen der Antriebsrolle und der unteren Platte.

2. Ein in den USA von Hand gebautes Modell. Ein zentrales Kugellager mit großem Durchmesser dient gleichzeitig als Drehachse und Führung. Zwischen dem Motor und der Rolle befindet sich das Getriebe.

3. Dank des guten Motor-Wirkungsgrads und der geringen Reibung konnte hier eine kleine Solarzelle verwendet werden.

4. Extern angebrachte Reflektoren verbessern den Wirkungsgrad dieses kastenförmigen „Backofens", aber sie erfordern eine gute Nachführung auf die Sonne, wie sie die Drehplatte bietet.

5. Die kleine Solarzelle ist ganz einfach am Rand des „Backofens" befestigt.

INFO

Ein Tracker im großen Maßstab

Hier das System, das von Patrick Baronnet für sein Passivhaus (Adresse S. 203) geplant und gebaut wurde. Es ist seit 1996 in Betrieb und kann auch als Heliostat (Sonnensteller) bezeichnet werden:

- Es steuert die Drehung eines Solarmoduls mit einer Leistung von 500 W_p.
- Es kehrt am Ende des Tages automatisch in seine Ausgangsposition zurück.
- Es läuft mit einem Scheibenwischermotor (von der Hausbatterie gespeist), der über eine Kette und ein Getriebe ein Zahnrad antreibt.

- Es wird von einer elektronischen Uhr gesteuert und bewegt sich alle 20 Minuten für 3 Sekunden.

Der Neigungswinkel ist verstellbar, und somit sind die Module das ganze Jahr über senkrecht zur Sonne ausgerichtet: 30° im Sommer, 45° zwischen den Jahreszeiten und 60° im Winter. Der zusätzliche Energiegewinn durch diesen Mechanismus beträgt 25 bis 30 %, im Sommer sogar bis zu 40 %, da der Weg der Sonne länger ist. Es gibt einen solchen Tracker auch für Wohnmobile (Seite 201).

Die Module im Zentrum des Heliostats sind fast 30 Jahre alt. Sie sind mittlerweile ausgebleicht, aber sie funktionieren immer noch.

Der Bügel auf der Rückseite dient zum Verstellen des Neigungswinkels je nach Jahreszeit.

Der Drehmechanismus mit Zahnrad und Kettenantrieb.

Links der Scheibenwischermotor, in der Mitte das Getriebe, rechts die elektronische Uhr.

bleibt (sogar nach Nordwesten im Sommer) und nicht von selbst in ihre Ausgangsposition zurückkehrt, müssen Sie sie wieder nach Osten ausrichten, damit das Modul die aufgehende Sonne am anderen Morgen einfangen kann. Sie sollten den Motor vor Spritzwasser schützen.

• Für eine sich drehende Präsentation eines Kunstwerks hinter einem Fenster oder in einer Vitrine, wobei dann die Verlängerung für die kleine Zelle nicht erforderlich ist.

Dieser Aufbau ist auch ein hervorragendes Instrument für Lehr- und Demonstrationszwecke von Verbänden und Vereinen, die sich für die Verbreitung der Solarenergie einsetzen!

Die sich selbst ausrichtende Platte in der Ausführung mit einem wasserdichten Modul.

Manuelles Ausrichtungssystem

Schwierigkeitsgrad: Niedrig. Zeitaufwand: 1 Tag.

Dies ist ein einfaches System zur schnellen Ausrichtung eines Moduls. Ein Gestell aus Dachlatten ist an einem in der Erde verankerten Holzpfosten angebracht. Dieses Gestell kann um eine vertikale Achse gedreht werden: Eine Ringschraube ist am oberen Ende des Pfostens verschraubt. Das Modul ist auf dem Gestell fixiert und wird von Hand auf die Sonne ausgerichtet. Wenn es einen Zier- oder Springbrunnen versorgt, arbeitet es schon sehr früh morgens und bis spät abends. Da das Modul in rund zwei Meter Höhe angebracht ist, bekommt es kaum Schatten ab.

Um die Drehung von einer gewissen Entfernung (etwa vom Haus) aus durchzuführen, kann man sich ein System mit Seilen und Laufrollen ausdenken. Ein guter Bastler findet sicherlich eine Lösung der Motorisierung und Automatisierung (siehe z. B. Seite 100).

Vorteile	Schwachpunkte
einfacher Aufbau	manuelle Ausrichtung
hoher Standort des Moduls	feststehender Neigungswinkel
leichter Abbau des Moduls, wenn es für einen anderen Zweck benötigt wird	

Material

für ein Modul von 75 W_p (54 × 120 cm)

Holz:

1 Pfosten 2,50 m lang, aus imprägniertem Holz, Ø 10 cm

Dachlatten 3 × 5 cm: 2 Stück mit 45 cm und 2 Stück mit 10 cm Länge

1 Kantholz 3 × 10 × 120 cm

Außenfarbe, Lack oder Lasur

Metallteile:

1 Aluminiumschiene 1 m (3 × 20 mm)

1 Ringschraube 8 × 100 mm

1 große Unterlegscheibe (Loch 8 mm)

8 Spanplattenschrauben 4 × 70 mm

3 Spanplattenschrauben 4 × 30 mm

2 Spanplattenschrauben 4 × 40 mm

5 selbstschneidende Schrauben 3 × 10 mm

1 Kunststoffscheibe 10 cm (oder gebrauchte CD)

Werkzeug

elektrische Bohrmaschine und Kreuzschlitz-Bit (oder Schrauben-
dreher)
Säge (Stichsäge oder Fuchsschwanz)
Schlägel und Hammer
Holzraspel, Schleifpapier
13er-Schlüssel
Wasserwaage
Metallsäge
Schraubstock
Eisenfeile
Holzbohrer 5 und 8 mm
Metallbohrer 3 mm
Spitzbohrer (oder Stahlspitze)
Maßband, Winkel, Bleistift

Bauanleitung

1 Bestimmen Sie einen Ort, an dem der Pfosten aufgestellt werden
   soll, und gießen Sie den Boden dort mehrere Tage hintereinander.
   Spitzen Sie ein Ende des Pfostens zu. Schlagen Sie ihn mit dem
   Schlägel senkrecht (Wasserwaage) 50 cm tief in den Boden.

1

4

6

2 Bohren Sie mit dem 5-mm-Bohrer ein senkrechtes Loch in den oberen Teil des Pfostens.

3 Runden Sie die Ecken und Kanten des Kantholzstücks 3 × 10 × 120 cm ab. Bohren Sie in der Mitte ein Loch mit 8 mm Ø.

4 Schieben Sie die CD und die Unterlegscheibe zwischen den Pfosten und das Kantholz (dies reduziert die Reibung). Schrauben Sie mit dem 13er-Schlüssel die Ringschraube ein. Ziehen Sie sie nur leicht fest, sodass das Kantholz noch gedreht werden kann.

5 Bohren Sie mit dem 3-mm-Bohrer 1,5 cm vom Rand entfernt zwei Löcher an jeweils einem Ende der zwei Dachlatten mit 45 cm vor. Formen Sie dann ein U aus diesen beiden Dachlatten sowie einer Dachlatte mit 10 cm. Verschrauben Sie die Dachlatten in dieser U-Form mit den vier 70-mm-Schrauben.

6 Legen Sie das U um den Pfosten. Schieben Sie die zweite kurze Dachlatte zwischen die Schenkel und verschrauben Sie sie wie zuvor: Löcher vorbohren und Leisten verschrauben. Das U sollte am Pfosten nicht zu fest angeschraubt werden, um die Rotation nicht zu behindern.

7 Schützen Sie das Holz mit zwei Schichten Lasur oder Außenfarbe.

8 Zersägen Sie die Aluminiumschiene mit der Metallsäge in fünf Stücke zu 5 cm.

9 Biegen Sie mit dem Hammer die Alustücke (eingespannt in den Schraubstock) wie folgt: drei Stück mit einem Winkel von 45° und zwei Stück mit 55°. Runden Sie mit der Feile die scharfen Kanten ab.

10 Bohren Sie mit dem 3er-Bohrer ein Loch in jede Seite dieser fünf Winkel.

11 Markieren Sie mit dem Spitzbohrer drei mittige Löcher in eine der Längsseiten des Modul-Aluminiumrahmens, davon eines in der Mitte. Markieren Sie auf der anderen Seite zwei Löcher mit einem Abstand von 12 cm an den beiden Seiten und eines in der Mitte des Rahmens.

8 und 9

11

12 Verschrauben Sie mit den selbstschneidenden Schrauben auf der Seite mit den drei Löchern die 45°-Aluwinkel (es wird keine Vorbohrung benötigt, sie sind selbstschneidend). Verschrauben Sie auf der anderen Seite die beiden 55°-Aluwinkel. Das Modul ist fertig und kann nun am Gestell angebracht werden. Verschrauben Sie nun mit den 30-mm-Schrauben die drei Winkel des Moduls auf der oberen Platte.

13 Dann verschrauben Sie mit den 40-mm-Schrauben die zwei unteren Winkel auf den Vorderseiten der Schenkel des U.

14 Somit ist die Konstruktion fertig. Das Modul ist schnell abzubauen, Sie müssen dafür nur die fünf Schrauben lösen.

15 Falls das Modul zu viel Schatten abbekommt, können Sie den Pfosten mit einem anderen Pfosten verlängern. Dazu sägen Sie von beiden Pfosten ein gleich langes Längsstück mit halbkreisförmigem Querschnitt aus. Dann befestigen Sie die Verlängerung mit zwei Ringschrauben 8 × 90 mm und zwei großen Unterlegscheiben an dem Hauptpfosten. Bei mehr als 1 m Verlängerung sollten

Sie den Hauptpfosten tiefer in den Boden schlagen. Bauen Sie einen Tritt dazu, damit Sie an das nun erhöhte Modul kommen, um es zu drehen.

16 Befestigen Sie das Modulkabel mit Schellen am Holz. Für den Fall, dass die Modulleistung die des angeschlossenen Gerätes übersteigen sollte, können Sie einen Schalter (zur Stromunterbrechung) sowie eine Zenerdiode mit Kühlelement (Seite 62) dazwischenschalten.

INFO

Kosten
Holz: 30 bis 50 €
Metallteile: 5 bis 10 €

Gesamtpreis also ca. 35 bis 60 €.
Bei Verwendung von gebrauchten Teilen können die Kosten auf bis zu 0 € gesenkt werden.

1 Manuelle Nachführung für eine Anlage mit 7m² (6 Module mit 150 W_p).

2 Das Gestell kann je nach Jahreszeit geneigt werden, damit es stets senkrecht zur Sonne steht.

3 Rückseite. Die Drehachse befindet sich im Pfosten. Das Gestell ist ebenfalls aus Holz.

4 Einfaches Nachführsystem für ein rahmenloses Modul mit 20 W_p (Seiten 54 und 55).

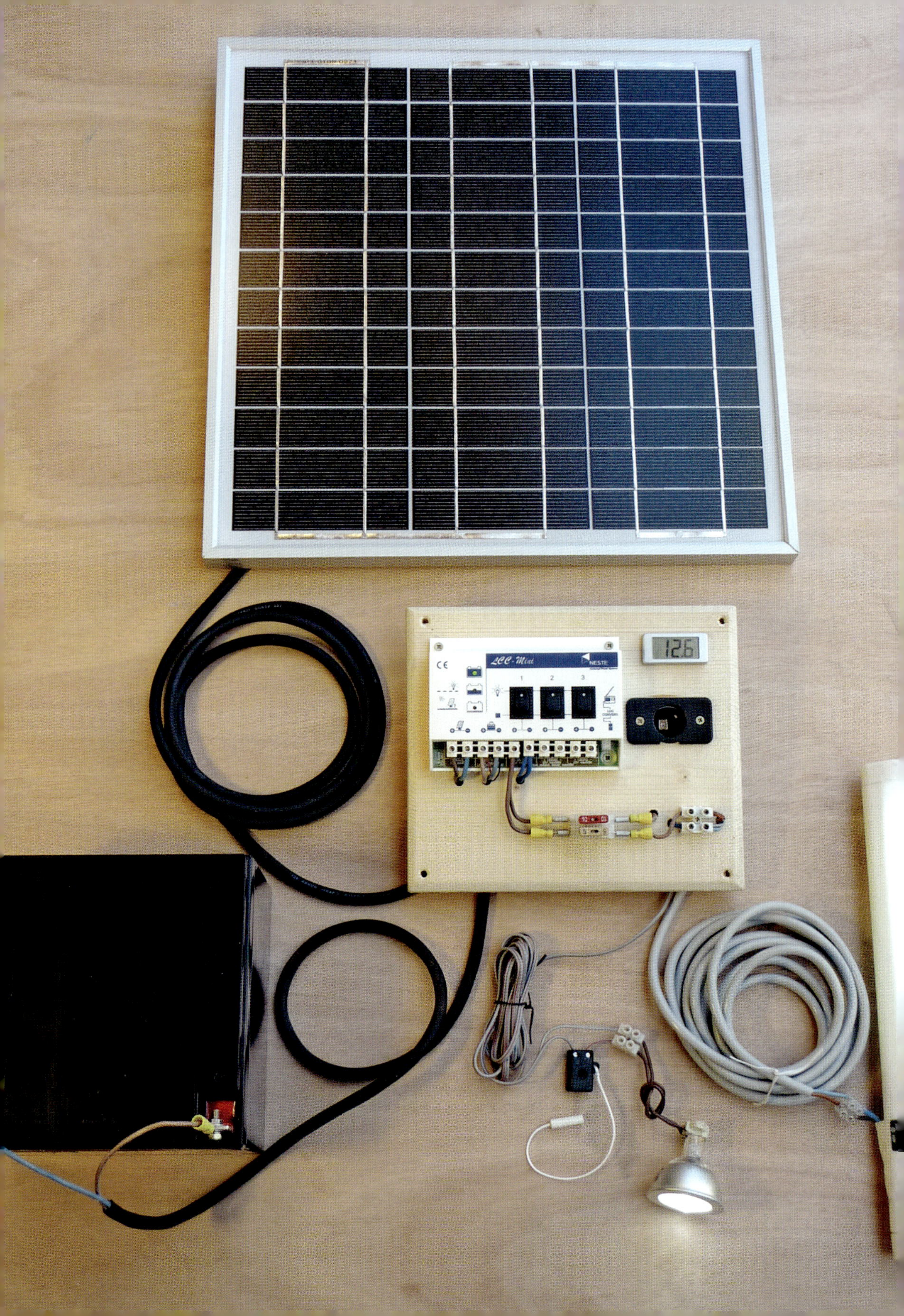
12.6
LCC-Mini

Zwischenspeicherung der Solarenergie

Wie auf Seite 11 (Funktionsarten) beschrieben, kann mit derartigen Systemen tagsüber Solarenergie in Batterien zwischengespeichert werden. Sie sind vielseitiger als Anlagen, die nur während der Sonneneinstrahlung funktionieren, jedoch auch komplexer. Dafür erlauben sie die zeitlich verzögerte Nutzung der gespeicherten Energie, etwa abends oder nachts oder wenn die Sonne nicht scheint.

Ein kleiner Allzweck-Fotovoltaikgenerator.

Zwischenspeicherung mit einem 12-Volt-Minigenerator

Schwierigkeitsgrad: Mittel. Zeitaufwand: $1/2$ Tag.

Dieser Fotovoltaik-Generator mit geringer Leistung ist vor allem für eine unabhängige Beleuchtung vorgesehen. An seiner 12-V-Steckdose können auch elektrische Geräte mit wenig Verbrauch, wie ein kleiner Ventilator, eine kleine Pumpe oder ein Akkuladegerät angeschlossen werden.

Funktionsweise

Das Solarmodul lädt tagsüber über den Solarregler die Batterie. Abends speist die Batterie dann die zwei am Ausgang des Reglers angeschlossenen Lampen. Das Voltmeter zeigt die Spannung an. Die Steckdose dient zum Anschluss eines 12-V-Gerätes mit geringem Verbrauch.

Vorteile	Schwachpunkte
autarke Anlage	geringe Leistung
einfacher Aufbau	

Vereinfachtes Schaltschema.

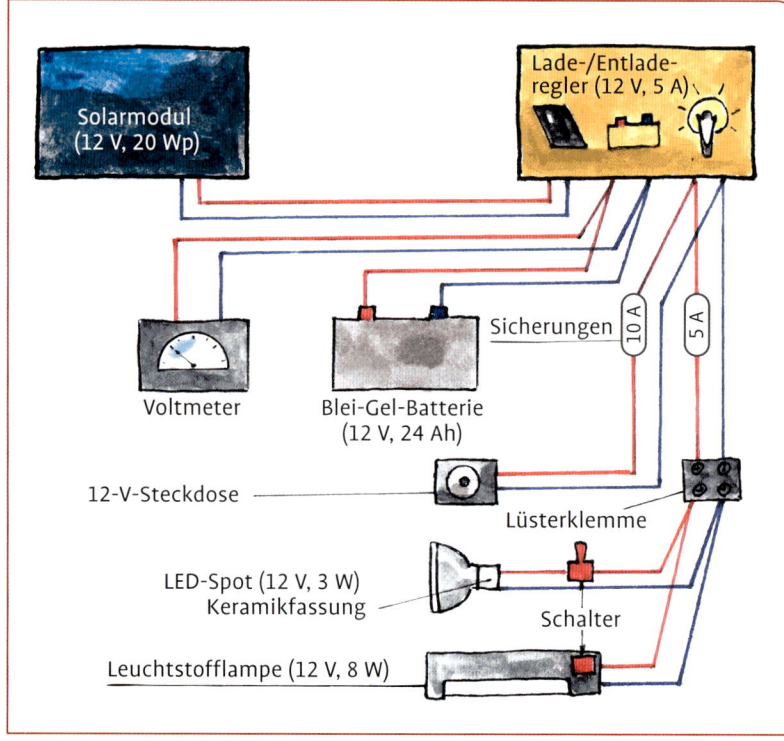

Wahl der Bauteile

Modul

Je nach Jahreszeit erzeugt ein Modul mit einer Leistung von 20 W_p an einem sonnigen Tag etwa 60–120 Wh.

Batterie

Aus Sicherheitsgründen (Seiten 23 und 42) wurde eine Blei-Gel-Batterie benutzt. Ihre Kapazität von 24 Ah entspricht etwa dem Zweifachen der maximalen Tagesproduktion des Moduls (120 Wh/12 V = 10 Ah). Bei vollem Ladezustand kann eine angeschlossene Beleuchtung bis zu 15 Stunden funktionieren – bei 50 % Entladung (Seite 39).

Solarregler

Dieses Basismodell schützt die Batterie vor Überladung und zu starker Entladung (Seite 16). Ein Maximalstrom von 5 A bedeutet eine maximale Modulleistung von 5 × 12 V = 60 W, was einen Spielraum von 200 % zulässt.

Lampen

Sie haben einen hohen Wirkungsgrad und eine geringe Leistung: eine Leuchtstoffröhre mit 8 W und ein LED-Spot mit 3 W.

Sicherungen

Es handelt sich um Kfz-Sicherungen. Der Lampenstromkreis ist durch eine 5-A-Sicherung geschützt, der Stromkreis des 12-V-Anschlusses mit 10 A.

Voltmeter

Da der Regler die Batteriespannung nicht anzeigt, empfiehlt sich die Verwendung eines Voltmeters, auch wenn es für kleine Systeme nicht unbedingt erforderlich ist. Hier wird ein Modell mit Stromversorgung über die Anschlussdrähte verwendet, was den Einbau in das System vereinfacht.

Steckdose 12 V

An diese Steckdose kann man 12-V-Geräte mit einem Stecker vom Typ Zigarettenanzünder anschließen. Sie wird auf der Rückseite mit zwei Kontaktklemmen angeschlossen.

Elektrokabel

Bei diesen geringen Leistungen reicht für die Stromleitung vom Modul zum Regler, vom Regler zur Batterie und weiter zu den Lampen (Entfernung bis maximal 10 m) ein Querschnitt von 2 × 1,5 mm^2 aus. Für den Spot mit 3 W reicht sogar ein Querschnitt von 2 × 0,75 mm^2. Für alles andere werden Kabel mit 2 × 2,5 mm^2 verwendet.

Materialübersicht

Material

1 Solarmodul mit 20 W_p

1 Lade-/Entladeregler 5 A

1 Blei-Gel-Batterie 12 V, 24 Ah

1 Einbau-Voltmeter ohne externe Stromversorgung

1 Einbau-Steckdose 12 V

1 Leuchtstoffröhre 12 V, 8 W mit Schalter

1 LED-Spot 12 V, 3 W

1 Keramikfassung, Sockel G5.3

1 Einbau-Zugschalter (oder Drucktaster)

1 Lüsterklemme

2 Ringkabelschuhe (Loch 5 mm) für Kabel 1,5 mm^2

6 Flachsteckhülsen für Kabel 1,5 mm^2

1 Sicherungshaltersockel für 2 Sicherungen (Material für Kfz)

2 Autosicherungen: 1 mit 5 A, 1 mit 10 A

Kabel $2 \times 1,5$ mm^2, gummiummantelt (Länge je nach Abstand zwischen Regler und Modul plus 1 m für die Verbindung zwischen Batterie und Regler)

Kabel $2 \times 1,5$ mm^2, gummiummantelt (Länge je nach Abstand zwischen Regler und Leuchtstoffröhre)

Kabel 2 × 0,75 mm² (Länge je nach Abstand zwischen Regler und Spot)
1 Brettchen 20 × 22 cm (Stärke 15–20 mm)
4 Holzschrauben 4 × 50 mm
6 Holzschrauben 3 × 15 mm
Kabelschellen Ø 10 mm (Anzahl je nach Länge des Kabels)
starker Klebstoff

Werkzeug
- elektrische Bohrmaschine und Bits
- Holzbohrer mit 5, 6 und 15 mm Ø
- Lochsäge (oder Holzbohrer mit 25 mm und Holzraspel)
- einfaches Elektrowerkzeug (Seite 32)

Bauanleitung
Aufbau der Schalttafel mit allen Schutz- und Kontrollelementen (Regler, Sicherungen, Voltmeter) und der 12-V-Steckdose

1 Legen Sie alle zu befestigenden Teile auf das Brettchen.
2 Bohren Sie mit dem 5-mm-Bohrer vier Löcher in die Ecken des Brettchens (zur Befestigung an der Wand) und ein Loch für das Voltmeter. Ziehen Sie die Adern und die Anschlussdrähte des Voltmeters durch dieses Loch hindurch.
3 Bohren Sie mit der Lochsäge ein Loch mit Ø 25 mm. Führen Sie die 12-V-Steckdose ein und befestigen Sie diese mit zwei Schrauben 3 × 15 mm.
4 Befestigen Sie mit derselben Schraubenart den Regler und die Lüsterklemme.
5 Bohren Sie unterhalb der Klemmleiste des Reglers mit dem 6-mm-Bohrer drei Löcher und drei weitere an den Seiten der Lüsterklemme.
6 Befestigen Sie den Sockel für den Sicherungshalter mit einem starken Klebstoff.

Links: Für die elektrischen Anschlüsse vorbereitete Schalttafel.

Rechts: Klemmleiste des Reglers mit Anschlüssen für Modul, Batterie und Schalteinheit 1 (Steckdose 12 V und Lampen). Dieser Regler hat drei Schalteinheiten, von denen hier nur eine benutzt wird.

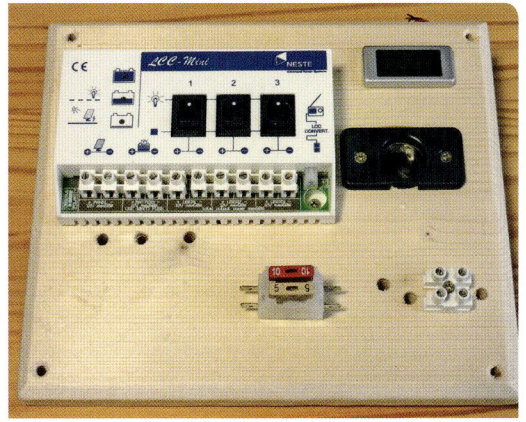

Rückseite der Schaltta-
fel. Oben: die Adern des
Voltmeters, die zusam-
men mit den Adern von
der Batterie am Regler
angeschlossen sind.
Darunter: der Sockel
der 12-V-Steckdose mit
seinen Stromversor-
gungsadern. Unten
links: die Kabel für die
Lampen. Rechts: die Ka-
bel zur Batterie und
zum Modul.

**Anschließen der Elemente (Modul, Batterie, Lampen) und Kabel
(orientieren Sie sich an den Fotos)**

1   Ziehen Sie 5 cm der Ummantelung des Kabels $2 \times 1,5$ mm^2 ab. Iso-
    lieren Sie die zwei Adern auf 1 cm ab. Schieben Sie diese von der
    Rückseite der Schalttafel durch die Löcher unterhalb des Eingangs
    „Modul" am Regler. Schließen Sie sie an den Lüsterklemmen der
    Klemmleiste an.

2   Wiederholen Sie das Ganze mit dem 1-m-Kabel $2 \times 1,5$ mm^2.
    Schließen Sie die abisolierten Adern am Eingang „Akku" des Reg-
    lers zusammen mit den zwei Adern des Voltmeters an. Bereiten
    Sie das andere Ende des Kabels vor, indem Sie es auf 1 cm abiso-
    lieren. Befestigen Sie je einen Ringkabelschuh an den Adern, um
    sie an die Batterie anschließen zu können.

3   Befestigen Sie am einen Ende von zwei Adern (Ummantelung
    braun oder rot) des Kabels 1,5 mm^2 je eine Flachsteckhülse.
    Stecken Sie die zwei Flachsteckhülsen mit den Flachsteckern der
    Sicherungshalterung zusammen. Schließen Sie das andere Ende
    am Regler (Plus am Ausgang Schalteinheit 1) an.
    Andere Möglichkeit: Löten Sie die Adern an die Flachstecker an
    und schützen die Verbindungen mit Isolierband oder einem
    Schrumpfschlauch.

4   Schließen Sie am Regler (Minus der Schalteinheit 1) die zwei blau
    ummantelten Adern des Kabels 1,5 mm^2 an und ziehen Sie diese
    auf die Rückseite der Schalttafel. Befestigen Sie eine Flachsteck-
    hülse an einer der zwei blauen Adern und stecken Sie diese mit

dem Flachstecker (seitlich) der 12-V-Steckdose zusammen (alternativ: löten). Führen Sie die andere blaue Ader durch das entsprechende Loch in Höhe der Lüsterklemme auf die Vorderseite und schließen Sie diese an der Lüsterklemme an.

5   Befestigen Sie eine Flachsteckhülse an einem Ende eines anderen Kabels 1,5 mm², braun oder rot ummantelt, und stecken Sie diese mit dem Flachstecker (mittig) der 12-V-Steckdose zusammen. Das freie Ende der Ader führen Sie durch das Loch beim Sicherungshalter auf die Vorderseite der Schalttafel. Befestigen Sie auf der Vorderseite der Schalttafel eine Flachsteckhülse an dieser Ader. Stecken Sie sie auf den 10-A-Anschluss des Sicherungshalters (alternativ: löten).

6   Befestigen Sie die letzte Flachsteckhülse an einem kurzen Stück Ader braun oder rot. Stecken Sie diese dort mit dem noch freien Flachstecker des Sicherungshalters zusammen. Schließen Sie das andere Ende am freien Eingang der Lüsterklemme an.

7   Schließen Sie auf der anderen Seite der Lüsterklemme die Plus- und Minus-Adern der zwei Lampenkabel an (2 × 1,5 mm² und 2 × 0,7 mm²).

Schalttafel, bereit zum Anschluss an die Batterie, das Modul und die Lampen.

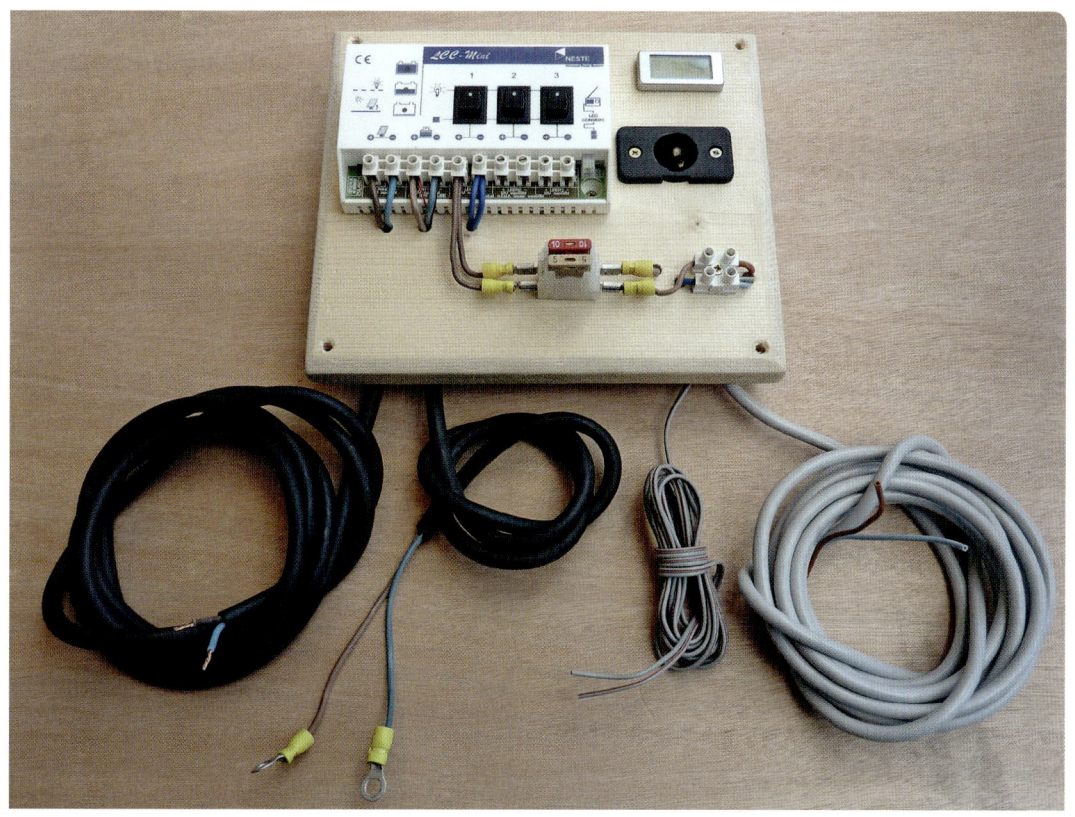

8 Fixieren Sie die Kabel auf der Rückseite der Schalttafel mit Kabel-
klemmen. Mit den Kabelschuhen steht die Steckdose drei cm vor.
Schieben Sie deshalb bei der Befestigung der Schalttafel an der
Wand entsprechende Abstandshalter dazwischen (Holzkeile oder
Rohrstücke).

**Anschluss der Schalttafel an die Batterie, das Modul und die Lam-
pen (Beachten Sie für alle Anschlüsse die Polarität)**

1 Für den Anschluss der Lampen ist es besser, die Sicherungen zu
entnehmen, um keinen Kurzschluss zu riskieren.
2 Schließen Sie an den Klemmen der Batterie die Ringkabelschuhe
der Adern „Akku" an und ziehen Sie die Schrauben fest. Am Regler muss das Kontrolllämpchen für den Ladezustand aufleuchten
und das Voltmeter die Spannung der Batterie anzeigen.
3 Schließen Sie das Kabel „Modul" am Anschlussgehäuse des Moduls an (abhängig vom Typ des Moduls). Falls es selbst mit einem
Ausgangskabel versehen ist, schließen Sie einfach das ummantelte
Kabel mit einer Lüsterklemme daran an.
4 Schließen Sie die Lampen an ihre jeweiligen Kabel an:
Die Leuchtstoffröhre an das Kabel $2 \times 1{,}5$ mm^2 (sie hat normalerweise einen Schalter, falls nicht, schalten Sie einen dazwischen).
Den Spot an das Kabel $2 \times 0{,}75$ mm^2 mit Hilfe einer Lüsterklemme
und dem Schalter (zum Ziehen oder Drücken).

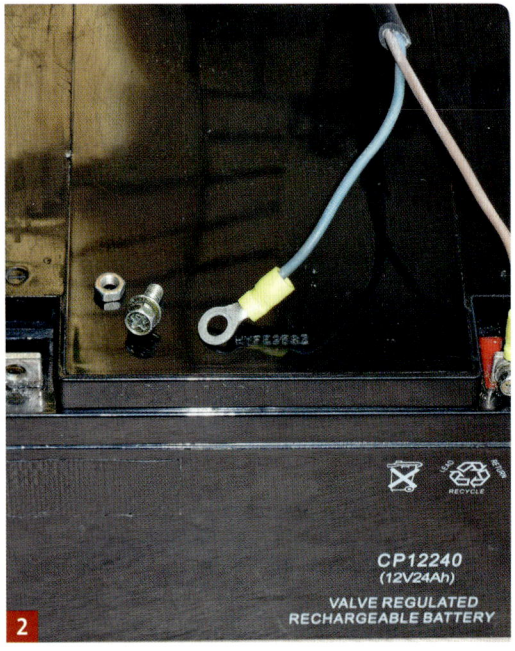

Anschluss der Batteriekabel mit Ringkabelschuhen.

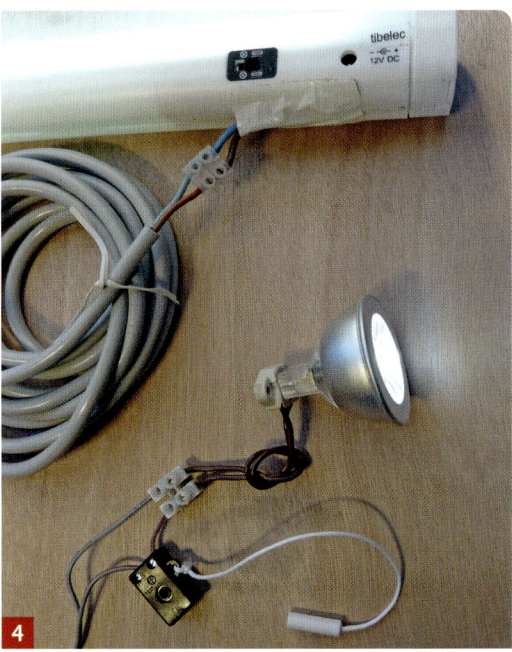

Anschluss der Lampen mit ihren Schaltern.

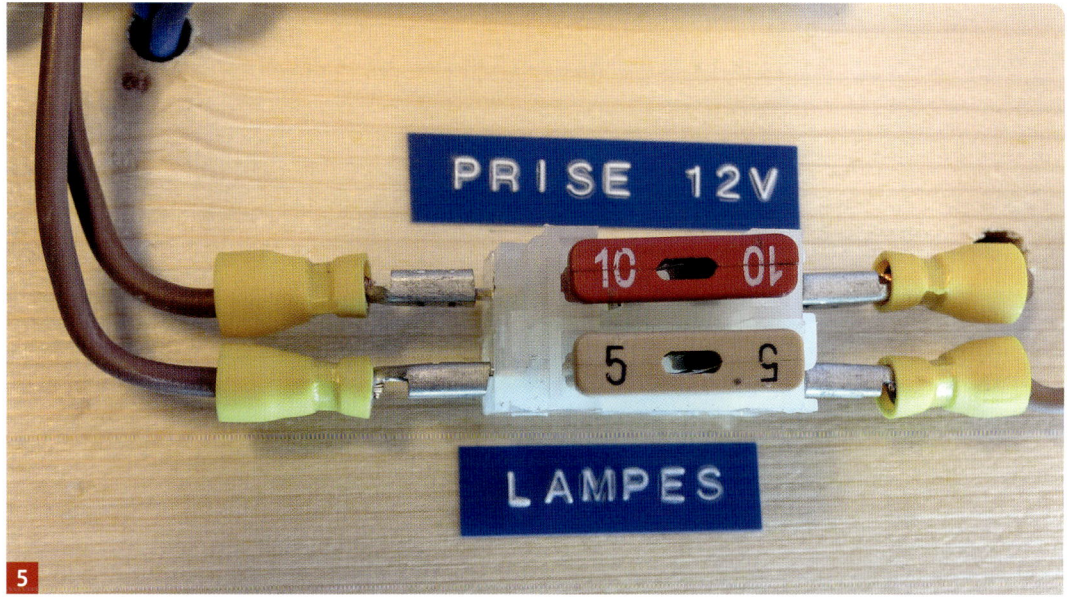

Die Sicherungen und Anschlusskabelschuhe.

5   Stecken Sie die Sicherungen in die entsprechenden Sicherungshal-
    ter. Beschriften Sie die zwei Kreisläufe mit „12-V-Steckdose" und
    „Lampen".
    Der Solargenerator ist betriebsbereit.

Funktionsprüfung
Sie müssen die Lampen sowie ein an der 12-V-Steckdose eingesteck-
tes Gerät einschalten können. Falls nicht, prüfen Sie mit dem Multimeter, ob die 12 V (oder ein wenig mehr) an der Lüsterklemme des
Kreislaufes „Lampen" und an den Klemmen der 12-V-Steckdose anliegen. Prüfen Sie gegebenenfalls den Ausgang des Reglers. Prüfen Sie
auch, ob die Schrauben an den Verbindungen (Klemme am Regler,
Lüsterklemme) gut angezogen und die Befestigungen an den Kabelschuhen in Ordnung sind. Wenn das Modul Sonne einfängt, prüfen
Sie, ob das Kontrolllämpchen (sofern am Regler vorhanden) leuchtet
und somit das Modul arbeitet. Kontrollieren Sie die am Voltmeter an-
gezeigte Spannung, sie muss steigen.

Funktion
Dieser kleine Solargenerator ist vielseitig verwendbar. In den drei
folgenden Einsatzbeispielen wurde er mit ein paar kleinen Anpassungen (Modulleistung, Typ und Kapazität der Batterie) ebenfalls verwendet. Er kann ohne Anpassung für die Beleuchtung eines Garten-
häuschens oder einer Fischerhütte benutzt werden. Es genügt dafür,

Links: Das Voltmeter
zeigt die Batteriespan-
nung an, hier 12,6 V.

Rechts: Die grüne LED
zeigt an, dass die Batte-
rie komplett geladen
ist.

Mikro-Wechselrichter
an der 12-V-Steckdose.

- das Modul (nach Süden ausgerichtet) an einem Dach oder einer Fassade zu befestigen (Seite 186)
- die Schalttafel an einer Mauer in der Nähe des Moduls anzubringen
- die Batterie in der Nähe der Schalttafel auf den Boden oder auf ein Gestell zu stellen
- die Lampen, Kabel und Schalter zu befestigen

Das System arbeitet automatisch. Das Voltmeter zeigt den Ladezustand der Batterie an. Im Falle einer Tiefentladung warnt der Regler (LED blinkt orange), dass er bald die Stromzufuhr unterbricht. Wenn das passiert (rote LED), müssen Sie mit dem Einschalten der Stromverbraucher warten, bis die Spannung wieder gestiegen ist. Natürlich ist Sparsamkeit angesagt: Schalten Sie das Licht erst ein, wenn es notwendig ist! Verwenden Sie die 12-V-Steckdose zum Aufladen von Akkus (Kamera, Camcorder, Handy) über einen 12-V-Adapter vorzugsweise tagsüber, wenn die Sonne scheint, anstatt nachts: So vermeiden Sie den Energieverlust durch die Zwischenspeicherung in der Batterie (Seiten 21 bis 22). Obwohl dieser einfache Generator auf 12 V Gleichstrom ausgelegt ist, ist es möglich, einen kleinen 12-V-Wechselrichter anzuschließen. Es ist allerdings nicht zu empfehlen, da leicht die Grenzen des Generators überschritten werden. Sollten Sie 230 V (Notebook) oder mehr Leistung benötigen, dann empfiehlt sich der Allzweckgenerator, der auf Seite 172 vorgestellt wird.

INFO

Kosten
Modul: 70 bis 150 €
Batterie: 50 bis 100 €
Regler: 25 bis 35 €
Voltmeter: 25 €
Lampen: 25 bis 35 €

Elektrisches Zubehör: 50 bis 80 € (je nach Kabellänge)
Gesamtpreis also ca. 245 bis 425 €.

Zur Kostensenkung können Sie außer den klassischen Lösungen (Seite 45) auch auf das Voltmeter verzichten.

Solarstromgenerator im Handkoffer

Schwierigkeitsgrad: Mittel. Zeitaufwand: $1/2$ Tag.

Dieser Solarhandkoffer enthält einen fotovoltaischen Minigenerator. Er kann Sie überallhin begleiten, zum Beispiel zum Camping oder zu einem Ausflug, er kann aber auch für Beleuchtung sorgen. Sie können an ihm Ihr Handy und die Akkus für Ihre Kamera, den Camcorder oder ein Navigationssystem laden. In diesem Handkoffer sind alle benötigten Elemente eingebaut. Um Platz und Gewicht zu sparen, reichen 4 cm Kofferhöhe zum Verstauen der gesamten elektrischen Ausrüstung. Das Solarmodul ist im Kofferdeckel integriert.

Wahl der Bauteile

Solarmodul

Vereinfachtes Schaltschema

Hier wird ein an dieses System angepasstes Modul mit 10 W_p verwendet. Die Abmessungen der Varianten mono- oder polykristalline Module sind nahezu dieselben. Ein amorphes Modul ist hierfür unge-

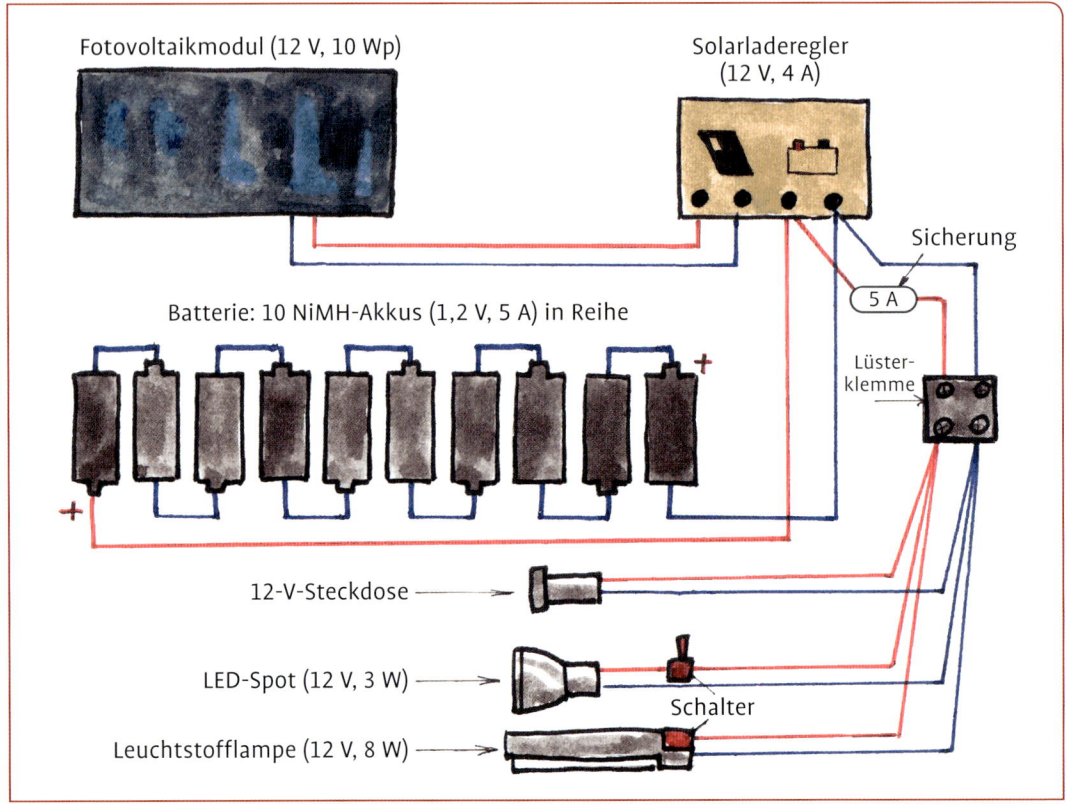

Fotovoltaikmodul (12 V, 10 Wp)

Solarladeregler (12 V, 4 A)

Sicherung

5 A

Batterie: 10 NiMH-Akkus (1,2 V, 5 A) in Reihe

Lüster-klemme

12-V-Steckdose

LED-Spot (12 V, 3 W)

Schalter

Leuchtstofflampe (12 V, 8 W)

Viele Einsatz-
möglichkeiten:
ein Solarhandkoffer.

Vorteile	Schwachpunkte
autarke Anlage	hoher Preis
geringes Gewicht	
Beleuchtung mit hohem Wirkungs-grad	
Möglichkeit, Akkus zu laden	

eignet, da es die doppelte Oberfläche benötigt. Bei dem hier vorgestellten System hat das Modul die Maße 43,4 × 23,6 cm, die denen
des Handkoffers entsprechen. Sein wasserdichtes Anschlussgehäuse
ist bereits im Original mit einem 1,5 m langen Kabel ausgestattet.

Batterie
Um das Gewicht zu verringern, verwenden wird als Batterie zehn
Nickel-Metallhydrid-Akkus R20 (NiMH) zu 5000 mAh (5 Ah). Es gibt
auch welche mit höherer Kapazität (8 bis 10 Ah) zu ähnlichen Preisen. Ihre Nennspannung beträgt 1,2 V: Zehn Akkus in zwei Batteriefächern (eines für sechs Akkus, eines für vier) in Reihe geschaltet ergibt so eine Batterie mit 12 V, deren Kapazität die Gleiche ist wie die
eines Akkus, also 5 Ah. Die zehn Akkus sollten identisch und gleich
alt sein, am besten neu und zusammen gekauft (normalerweise in
Päckchen mit je zwei Stück), dann sind sie aus der gleichen Ferti-
gungsserie.

Jeder Akku wiegt 120 g, die Batterie somit 1,2 kg. Eine Blei-Gel-
Batterie mit der gleichen Kapazität wiegt mindestens 2 kg, also ca.
800 g mehr. Viel wichtiger ist aber, dass die NiMH-Batterie vollständig entladen werden kann, während dies bei einer Blei-Batterie in

regelmäßigen Zyklen nur bis zu 50 % möglich ist. Die angegebene Kapazität muss also durch 2 geteilt werden: Für eine tatsächlich nutzbare Kapazität von 5 Ah würde man also eine Batterie mit 10 Ah benötigen, die dann 4 kg wiegen würde. Die echte Gewichtsersparnis beträgt also 4 − 1,2 = 2,8 kg. Daraus folgt, dass die NiMH-Batterie also mindestens 3-mal leichter ist. Außerdem ist die Anzahl der möglichen Lade- und Entladezyklen einer Bleibatterie niedriger als die der NiMH-Akkus (500 bis 1000 Zyklen).

Solarregler
Um die volle Kapazität der NiMH-Batterie auszunutzen, können Sie einen einfachen Laderegler verwenden (Seite 16), der den Akku nur vor Überladung, aber nicht vor Tiefentladung schützt. Allerdings werden Sie so nicht vor dem bevorstehenden Ende der Stromversorgung

Zwei Leuchten mit hohem Wirkungsgrad.

Die zehn NiMH-Akkus
mit Batteriefächern.

gewarnt, zumal die angeschlossenen Lampen keine Glühlampen sind
und ihre Helligkeit bei Spannungsabfall kaum abnimmt. Es ist also
eine gute Idee, das System mit einem Voltmeter zu versehen (am besten ein Modell mit Digitalanzeige ohne externe Stromversorgung,
Seiten 112 und 118). Allerdings sind die meisten Regler nicht für
NiCd- (Nickel-Cadmium-) oder NiMH-Batterien ausgelegt. Aber sie
verhindern dennoch eine Überladung über 14 V und erhöhen so die
Lebensdauer der Akkus.

Lampen

Selbstverständlich verwendet man Lampen mit einem niedrigen Verbrauch, also Leuchtstoffröhren oder LEDs. Um zwei voneinander unabhängige Lichtquellen betreiben zu können, haben wir hier jeweils
eine Lampe jeder Technologie gewählt: eine kleine Leuchtstoffröhre
mit 8 W für die Hauptbeleuchtung (Deckenlampe) und einen LED-
Spot mit 3 W als punktuelle Lichtquelle (beispielsweise zum Lesen).
Passen Sie die Länge der Kabel Ihrem Bedarf an: Hier haben wir 3 m
für die Leuchtstoffröhre und 2 m für den Spot verwendet. Sie müssen
aber keine zwei Lichtquellen einsetzen – je nach Nutzung des Solarhandkoffers kann auch eine Lampe ausreichen (Seite 130).

12-V-Steckdose

Hier kann ein Kleingerät mit niedriger Leistung gespeist werden,
etwa ein Akkuladegerät für ein Handy, eine Kamera oder ein Camcorder, vorausgesetzt, Sie haben einen 12-V-Adapter.

Materialübersicht.

Material

1 Solarmodul mit 12 V, 10 W_p
1 Laderegler 4 A
10 NiMH-Akkus R20, 1,2 V, 5000 mAh
2 Batteriefächer für Akkus R 20 (eines für 6 und eines für 4 Akkus)
1 Leuchtstoffröhre 12 V, 8 W mit Schalter
1 LED-Spot 12 V, 3 W
1 Keramikfassung, Sockel G5.3
1 Drucktaster
1 Lüsterklemme
1 Sicherungshalter und 1 Glassicherung 2 A
1 12-V-Steckdose mit Kabel
2 m flexibles Kabel $2 \times 1{,}5$ mm²
2 m flexibles Kabel $2 \times 0{,}75$ mm²
2 kleine Scharniere
1 Spannverschluss mit Spannbügel
1 Tragegriff klappbar
8 Spanplattenschrauben 3×25 mm
9 Spanplattenschrauben 3×10 mm
6 selbstschneidende Schrauben 3×10 mm
10 Stauchkopfstifte $1{,}2 \times 20$ mm
Holzleim
starker Klebstoff
starkes Klebeband

Holz (Maße gemäß Modul):
Sperrholz für außen 5 mm (Boden) 43,4 × 23,6 cm
Sperrholz für außen 10 mm (Rahmen): 2 mit 21,6 × 3,6 cm und 2 mit
43,4 × 3,6 cm
Farbe oder Lasur

Werkzeug
Säge (Stichsäge oder Fuchsschwanz)
elektrische Bohrmaschine und Bits
Hammer
Holzbohrer 3 mm
Metallbohrer 2 mm
Maßband, Lineal, Bleistift
Eisenfeile, Schleifpapier
Kreuzschlitz-Schraubendreher
einfaches Elektrowerkzeug (Seite 32)

Bauanleitung
Zusammenbau des Handkoffers
1   Schrauben Sie die Sperrholzleisten mit den acht Schrauben
    3 × 25 mm zusammen.
2   Leimen Sie auf diesen Rahmen den Boden aus dünnem Sperrholz
    und nageln Sie ihn fest.
3   Rollen Sie das Kabel auf und kleben Sie es auf der Rückseite des
    Moduls mit zwei Streifen starkem Klebeband an. Falls das Modul
    ein klassisches Anschlussgehäuse hat, schließen Sie an diesem
    50 cm des ummantelten Kabels 2 × 1,5 mm² an.
4   Verschrauben Sie auf einer der langen Seiten des Alurahmens mit
    vier selbstschneidenden Schrauben die Scharniere. Legen Sie das
    Modul auf den Koffer und verschrauben Sie die andere Hälfte der
    Scharniere mit den 10-mm-Schrauben an dem Holzrahmen.
5   Verschrauben Sie auf der zu öffnenden Seite den einen Teil des Spann-
    verschlusses mit zwei selbstschneidenden Schrauben. Dann ver-
    schrauben Sie an dem Holzrahmen mit den 10-mm-Schrauben den
    anderen Teil des Spannverschlusses und den klappbaren Tragegriff.
    Runden Sie mit der Feile die scharfen Kanten des Alurahmens ab.

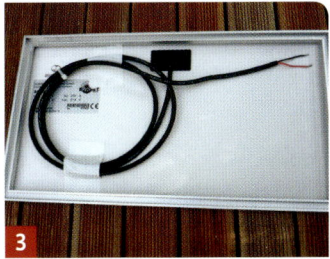

Anschließen von Batterie, Lampen, 12-V-Steckdose und Modul an den Regler

6   Schalten Sie die Batteriefächer der Akkus in Reihe, indem Sie ein Stück 1,5-mm²-Ader zwischen den Ausgang Plus des einen Batteriefachs und den Ausgang Minus des anderen löten. Löten Sie zwei weitere Adern an die noch freien Ausgänge Plus und Minus. Beachten Sie bezüglich der Polarität die Farben. Anmerkung: Löten Sie nicht an den Kontakten der Batteriefächer (durch die Erhitzung kann eine Verschlechterung des elektrischen Kontakts entstehen), sondern an den damit verbundenen Federhalterungen.

7   Prüfen Sie die Batterie. Legen Sie die zehn Akkus unter Berücksichtigung der Polarität (entgegengesetzt) in die Batteriefächer ein. Da die Akkus beim Kauf nicht geladen sind, sollten diese vorab mit einem Ladegerät geladen werden. Schließen Sie das Multimeter an den zwei Ausgangsadern der Batterie an und prüfen Sie, ob genügend Spannung vorhanden ist. Sollte sie unter 13 V sein, dann ist wahrscheinlich einer der Akkus falsch herum eingelegt. Richtig: Die flache Seite der Batterie liegt auf den Fe-

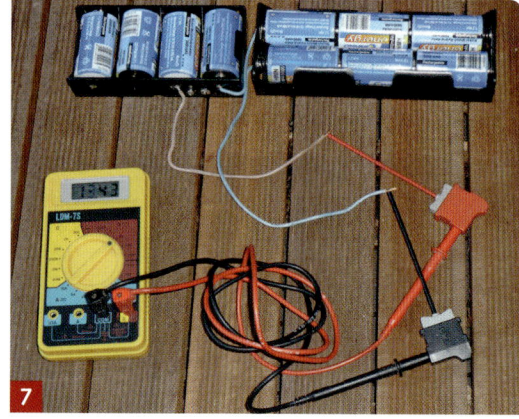

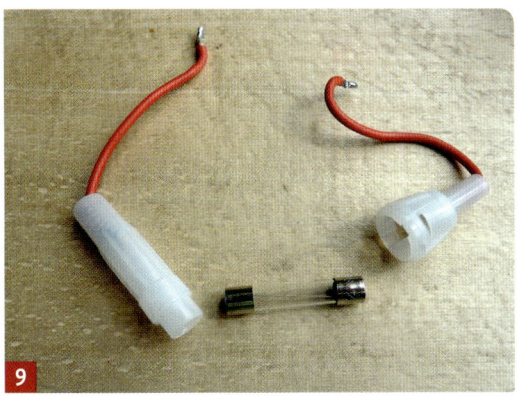

dern des Batteriefachs (Minus-Seite). Für den weiteren Zusammenbau sollten Sie einen Akku entnehmen, um ein Kurzschließen
der Batterie zu vermeiden.

8   Kleben Sie die Batteriefächer und den Regler an der Scharnier-
seite auf den Boden des Handkoffers – somit befinden sich die
schweren Teile beim Transport unten.

9   Setzen Sie die 2-A-Sicherung in den Sicherungshalter ein.

10   Kürzen Sie das Kabel der 12-V-Steckdose auf 30 cm. Isolieren Sie
das Ende auf 1 cm ab.

11   Isolieren Sie die Enden der zwei Kabel mit 2 m Länge ab. Schließen Sie das Kabel $2 \times 1,5$ mm^2 an den Plus- und Minus-Adern der
Leuchtröhrenhalterung an. Sollte dort kein Kabel vorhanden sein,
dann an der Lüsterklemme im Inneren der Halterung. Normalerweise ist auch ein Schalter vorhanden. Falls nicht, befestigen Sie
einen an der Plus-Ader.

12   Schließen Sie das Kabel $2 \times 0,75$ mm^2 an der Keramikfassung des
LED-Spots an, indem Sie den Drucktaster an einer der Adern zwi-
schenschalten (für diese Lampe ist die Polarität unwichtig).

Unten:
Vorbereitung der Anlage für den Transport in einem Rucksack, ohne Handkoffer. Die Batteriefächer der Akkus sind mit starkem Klebstoff auf dem Holz angeklebt. Der Regler wurde mit Klebeband an der Batterie befestigt. Am Eingang „Modul" des Reglers ist ein Stecker für einen Zigarettenanzünder angeschlossen.

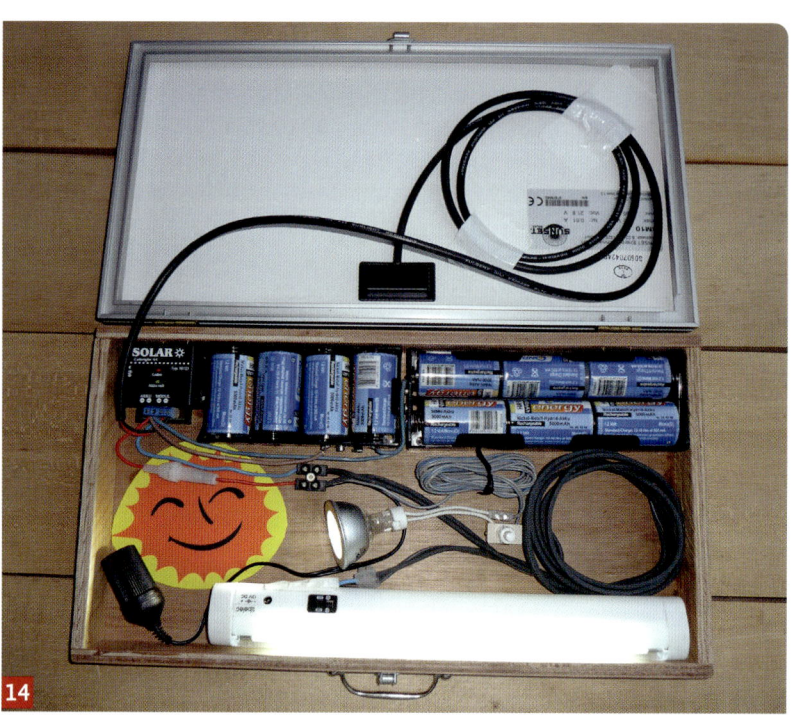

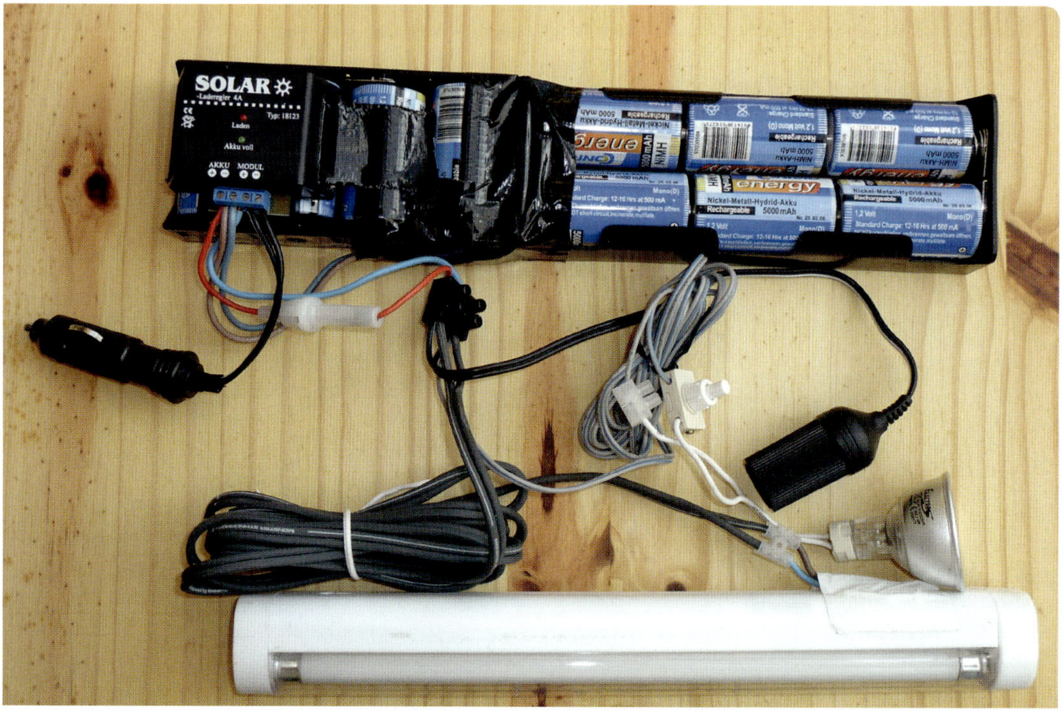

14

13 An den Kontakten des Reglers werden folgende Adern befestigt
(unter Berücksichtigung der Polarität). Am Eingang „Akku " die
Plus- und Minus-Adern der Batterie und die rote Ader des Sicherungshalters sowie eine blaue. Diese zwei Adern werden parallel
mit einer Lüsterklemme mit den Plus- und Minus-Adern der zwei
Lampen und der 12-V-Steckdose verbunden. Am Eingang „Modul"
die Plus- und Minus-Adern des Moduls.

14 Legen Sie den vorher entnommenen Akku wieder ein, damit die
Batterie betriebsbereit ist. Somit ist der Zusammenbau abgeschlossen.

15 Streichen oder lackieren Sie die Außenseiten des Koffer-Holzrah-
mens.

Funktionsprüfung

Prüfen Sie,

- ob die grüne LED des Reglers „Batterie geladen" leuchtet (je nach
Regler),
- ob sich die Lampen anschalten lassen,
- ob ein an der 12-V-Steckdose angeschlossenes Akkuladegerät funktioniert,
- ob das Modul (der Sonne ausgesetzt) die Batterie lädt, wozu in der
Regel eine LED angebracht ist.

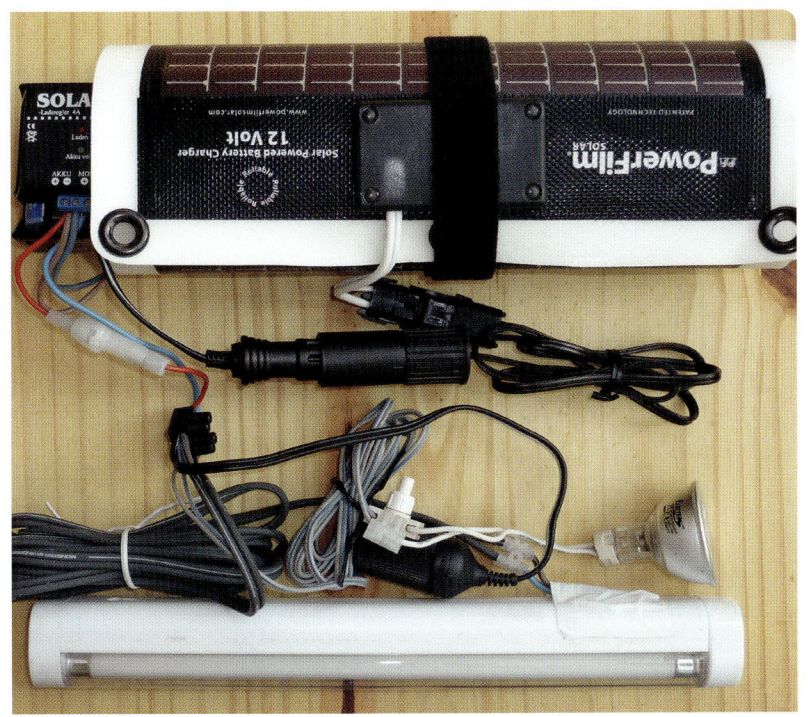

Das Dünnschichtmodul
wurde um die Batterie
und den Regler gerollt.
Es ist über ein Adapter-
kabel am Zigarettenan-
zünder angeschlossen,
der seinerseits mit dem
Regler verbunden ist.
Das komplette Material
wiegt etwa 2 kg und hat
in einem kleinen Stoff-
beutel Platz.

Prüfen Sie im Falle der Nichtfunktion,
* ob die Sicherung unbeschädigt ist,
* ob die Polarität von jedem Gerät berücksichtigt wurde,
* ob die Anschlüsse in Ordnung sind: Adern gut verbunden, Schrauben an der Lüsterklemme und am Regler gut angezogen, keine kalten Lötstellen.

Kontrollieren Sie notfalls mit einem Multimeter die Spannung an den Klemmen des Reglers, der Lampen und der Steckdose.

Ziel: geringes Gewicht

Hier die einzelnen Gewichte mit der NiMH-Batterie der vorgestellten Version:
Batterie: 1200 g
Solarmodul: 1380 g
Batteriefächer der Akkus: 110 g
Regler: 30 g
Holz: 630 g
Metallteile und elektrisches Zubehör: 70 g
Leuchtstoffröhre mit Halterung: 160 g
LED-Spot: 30 g
Elektrokabel: 130 g
Gesamt: 3740 g (3,7 kg)

Um das Gewicht des Solarhandkoffers noch zu reduzieren, können Sie das klassische Modul ersetzen:
* Durch ein Modul ohne Rahmen (Seite 12): 300 g Gewichtseinsparung, aber es ist teurer.
* Durch ein dünnschichtiges, aufrollbares Modul: Gewichtseinsparung etwa 1 kg, aber es ist deutlich teurer. Hierbei handelt es sich um ein amorphes Siliziummodul, das die dreifache Oberfläche hat: 97×29 cm, also 0,28 m^2 anstelle von 0,10 m^2. Das Modul wird bei Bedarf ausgerollt, um es der Sonneneinstrahlung auszusetzen: entweder während der Ruhepausen oder, noch besser, auf Wanderungen direkt am Rucksack befestigt, so kann es während des Marschierens die Batterie laden. Ohne den Handkoffer (Gewichtseinsparung etwa 600 g) können die elektrischen Elemente (Batteriefächer mit starkem Klebeband verbunden, Regler, Lampen und Steckdose) in einem kleinen Stoffbeutel untergebracht werden. Somit eine gesamte Gewichtseinsparung von 1,6 kg, der komplette Generator wiegt nicht mehr als 2,1 kg.

Beim Wandern zählt jedes Gramm. Zur weiteren Verringerung des Gewichts können Sie Folgendes tun:

- Nur eine Lampe benutzen, zum Beispiel den Spot (270 g). Somit wiegt das System nur noch 1,8 kg. Falls das Licht dann nicht ganz ausreicht, ersetzen Sie den 3-W-Spot durch einen 4-W-Spot.
- Ersetzen Sie die Akkus R20 durch R14: Kapazitätsverlust 20 % (4 Ah anstatt 5), die Gewichtseinsparung (830 g anstatt 1370 g) beträgt 540 g, also 40 %. Jetzt sind wir schon bei 1,3 kg, das heißt einem Drittel des ursprünglichen Solarhandkoffers.
- Verwendung eines flexiblen und nur halb so leistungsfähigen Moduls, also 5 W_p: Durch die Reduzierung der Lichtleistung (4 W statt 11) ist dieses machbar. Die Gewichtseinsparung beträgt 400 g, somit hat man ein Endgewicht von insgesamt 900 g, also einem Viertel des ursprünglichen Gewichts – nicht schlecht, oder?

Im Gegensatz zu diesem Versuch der Gewichtsreduzierung ist es ja gut möglich, dass Sie das Gewicht einer Bleibatterie nicht stört. Legen

Das Modul ist ausgerollt und am Rucksack angebracht, der die restlichen Elemente des Generators enthält. Um eine Verschattung zu verhindern, kann man es an einem Gestell, zum Beispiel aus Bambus, befestigen.

Rechte Seite: Solar-
handkoffer in „dickerer"
Ausführung, mit einer
Blei-Gel-Batterie.

Sie in diesem Fall die geeignete Höhe für den Handkoffer fest und
bauen Sie ihn mit einem dickeren Boden (10 mm Sperrholz), damit
er das Gewicht der Batterie aushält. Diese Ausführung des Handkoffers (Foto Seite 133) wiegt 7 kg, also das Doppelte der Ausgangs-
version.

Funktion

Stellen Sie das Modul so oft wie möglich in die Sonne. Platzieren Sie
für den richtigen Neigungswinkel einen Stein oder ein Stück Holz unter dem geschlossenen Handkoffer.

Bei einer Wanderung können Sie ihn am Rucksack befestigen, um
die Batterie zu laden. Aber mit fast 4 kg ist dies zu schwer. Benutzen
Sie deshalb ein leichteres System (oben).

Der Regler verhindert ein Überladen der Akkus. Bei voller Ladung
ist die Batterie mit $12 \times 5 = 60$ Wh (0,06 kWh) Strom geladen. Wenn
beide Lampen in Betrieb sind ($8 + 3 = 11$ W), reicht die Ladung für
mehr als fünf Stunden, ausreichend für die Nutzung während einer
Campingtour. Aber wenn Sie Akkus für das Handy oder die Kamera
aufladen, sind schnell ein oder zwei Stunden verloren: Also tun Sie
dies tagsüber (während der Sonnenstunden) anstatt abends, damit
Sie die volle Leistung für die Beleuchtung nutzen können.

Mit NiMH-Akkus fällt die Batteriespannung zum Schluss sehr
schnell ab. Sorgen Sie für eine Notlampe (Solarleuchte?). Nach voll-
ständiger Entladung lädt sich die Batterie nur während der Sommerzeit wieder komplett auf, sofern es nicht bewölkt ist (fünf bis sechs
Stunden Sonne bei einer Nennleistung des Moduls von 50–60 Wh).
Daher sollten Sie die Batterie nicht jeden Abend komplett entladen.

Wenn es Nacht wird, müssen Sie nur die Kabel aus dem Handkoffer
entrollen und die Lampen da aufstellen, wo Sie sie haben wollen.
Aber seien Sie nicht verschwenderisch, schalten Sie die Lampen ab,
sobald sie nicht mehr benötigt werden!

INFO

Kosten
Modul: 40 bis 80 €
Regler: 15 €
Akkus: 75 bis 90 €
Lampen: 20 bis 30 €
Holz: 5 €
Metallteile: 15 bis 20 €
Elektrisches Zubehör: 30 bis 35 €
Gesamtpreis also ca. 200 bis 275 €.

Zur Kostensenkung können Sie außer den klassischen Lösungen (Seite 45) auch Folgendes verwenden:
Akkus, die Sie bereits besitzen (NiMH oder NiCd),
vorausgesetzt, sie haben alle die gleichen Eigen-
schaften.
Eine Blei-Gel-Batterie, die viel billiger ist als NiMH-
Akkus mit der gleichen Kapazität.
Glühlampen kosten nur ein Zehntel des Preises, verbrauchen aber viel zu viel Strom für diese Anlage!

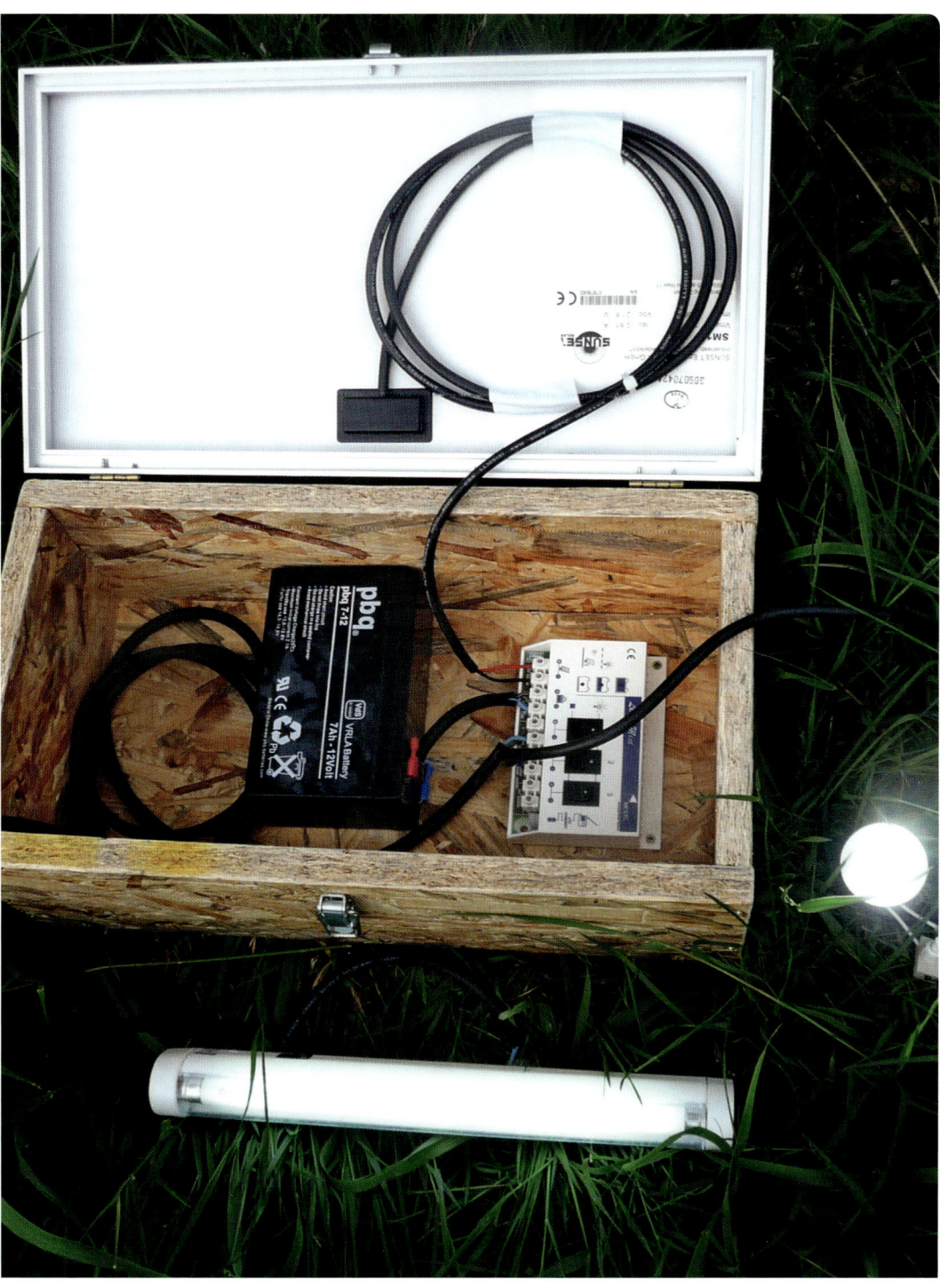

Außenbeleuchtung mit Bewegungsmelder

Schwierigkeitsgrad: Mittel. Zeitaufwand: ¾ bis 1 Tag.

Bauen Sie sich eine Außenbeleuchtung für den Garten oder den Zugangsweg zu Ihrem Hauseingang. Dieses System ist wesentlich wirkungsvoller als die kleinen Solarleuchten, die man als technische Spielerei recht günstig bekommt: Sie sind in der Regel von schlechter Qualität und geben nur ein kümmerliches Licht ab – und das auch nur im Sommer.

Funktionsweise

Schaltschema der Anlage

Es handelt sich hier um einen fotovoltaischen Minigenerator, der mit einem Bewegungsmelder (Infrarot) ausgestattet ist. Dieser schaltet über ein Zeitrelais die Lampen an, wenn man sich ihm nähert. Die Beleuchtungsdauer ist einstellbar, so dass eine Energievergeudung vermieden wird.

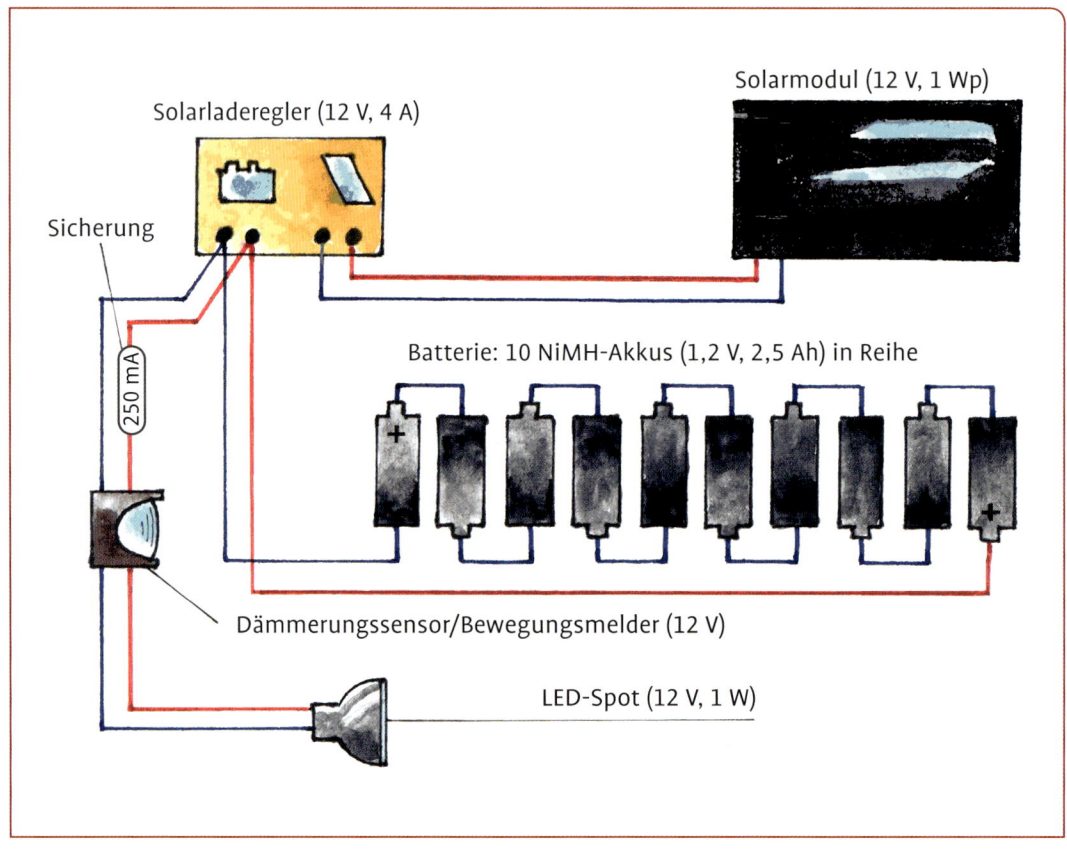

Solarmodul (12 V, 1 Wp)

Solarladeregler (12 V, 4 A)

Sicherung

250 mA

Batterie: 10 NiMH-Akkus (1,2 V, 2,5 Ah) in Reihe

Dämmerungssensor/Bewegungsmelder (12 V)

LED-Spot (12 V, 1 W)

Vorteile	Schwachpunkte
autarker Betrieb	vergleichsweise teuer
gute Beleuchtung im Vergleich zu minderwertigen solaren Garten- leuchten	
Beleuchtung nur, wenn es notwen- dig ist	

Wahl der Bauteile

Modul

Hier wird ein amorphes Siliziummodul verwendet, das eigentlich dafür vorgesehen ist, die Batterie eines länger abgestellten Fahrzeugs in
gutem Ladezustand zu halten. Seine geringe Leistung (1,1 W_p) reicht
dennoch aus, um nach einem sonnigen Tag eine Beleuchtungsdauer
von drei bis sechs Stunden (je nach Jahreszeit) sicherzustellen.

Elektro-Material-
übersicht für die
Außenbeleuchtung.

Solarregler
Es handelt sich um einen Laderegler, der die Batterie nur vor Überlastung schützt. Er kann eine Stromaufnahme von 4 A verkraften – deutlich mehr als die 0,1 A, die das Modul maximal abgeben kann.

Batterie
Wie für den Handkoffer wird eine Kombination von zehn Akkus 1,2 V NiMH verwendet, die in Reihe geschaltet sind. Ihre Kapazität ist geringer, da es R6-Akkus mit 2300 mAh sind. Somit hat die Batterie 12 V und 2,3 Ah.

Bewegungsmelder
Das ist ein Infrarotsensor mit 12 V. Der Erfassungswinkel (Wärme und Bewegung) beträgt 120°. Er ist für eine Umgebungstemperatur von −15 bis +40 °C geeignet. Der Spritzwasserschutz (IP44) ist für den Regen notwendig. Die folgenden Parameter sind einstellbar:
- Reichweite bis zu 10 m (dies kann je nach Montagehöhe des Bewegungsmelders und der Außentemperatur variieren)
- Dämmerungseinstellung: Er funktioniert tagsüber oder nachts oder bei Dämmerung (ermöglicht ein Einschalten der Beleuchtung zu einem früheren oder späteren Zeitpunkt am Abend)
- Einschaltdauer: 5 Sekunden bis 15 Minuten

Am Ausgang des Sensors könnte neben der Lampe auch eine Alarmanlage, eine Pumpe (Brunnen), ein Handy usw. angeschlossen werden.

Lampe
Als Lampe wurde ein LED-Spot mit 1 W Leistung verwendet, der ein großflächiges helles Licht zum Boden hin abgibt.

Material

1 amorphes Solarmodul 12 V und 1,1 W_p
1 Laderegler 4 A
3 Päckchen mit je 4 Akkus NiMH R6 mit 1,2 V und 2300 mAh
1 Batteriefach für 10 Batterien/Akkus R6 in Reihe
1 Batterieclip
1 Dämmerungssensor/Bewegungsmelder mit 12 V
1 Keramikfassung, Sockel G5.3
1 LED-Spot 12 V, 1 W
Kabel 0,75 mm²: 3 Abschnitte mit 20 cm (blau, braun und schwarz
    ummantelt), 1 Stück mit 5 cm (gelb-grün oder in einer anderen
    Farbe ummantelt)
1 Sicherungshalter
1 Glassicherung 250 mA (0,25 A)
1 Lüsterklemme
1 Holzpfosten Ø 6–8 cm, Länge 1,50 m
Sperrholz für außen 10 mm: 1 mit 25 × 25 cm (Seiten), 1 mit
    24 × 10 cm (Boden), 1 mit 25 × 12 cm (Tür)
Sperrholz für außen 5 mm: 1 mit 35 × 12 cm
1 Holzleiste 2 × 1 cm, Länge 10 cm
1 dünnes Aluminiumblech (zum Beispiel eine gebrauchte Offset-
    Platte) 13 × 32 cm
1 Ringschraube 6 × 50 mm und Unterlegscheibe (Loch 6 mm)
4 Edelstahlschrauben 3 × 20 mm
8 Spanplattenschrauben 3 × 30 mm
4 Spanplattenschrauben 3 × 10 mm
10 Stauchkopfstifte 1,2 × 27 mm
2 kleine Messingscharniere und 8 Messingschrauben 2 × 10 mm
1 Schrankmagnet und 4 Schrauben 3 × 15 mm
1 m selbstklebende Neoprendichtung, 10 mm breit
1 dünnes Gummiband 5 × 14 cm (Fahrradschlauch)
Holzleim für außen
starker Klebstoff
Silikon
Farbe oder Lasur

Teileübersicht
(ohne Sicherung).

Werkzeug

elektrische Bohrmaschine und Bits
Säge
Lochsäge Ø 50 mm (oder Schweifsäge)
Holzbohrer 3,5 und 6 mm
Kleiner Hammer
Schlägel (oder großer Hammer)
Holzraspel
Schleifpapier
Kleiner Kreuzschlitz-Schraubendreher
10er-Schlüssel
Rohrzange
einfaches Elektrowerkzeug (Seite 32)

Bauanleitung

Befestigung des Bewegungsmelders und Verbindung der Elemente miteinander

1   Entfernen Sie die zwei Schrauben auf der Unterseite des Bewegungsmelders. Öffnen Sie ihn und entfernen Sie die Lüsterklemmen.
2   Schneiden Sie die vorgestanzte seitliche Öffnung aus dem Unterteil. Ziehen Sie die vier Adern des Bewegungsmelders durch die Unterlegscheibe und durch die Öffnung.
3   Stecken Sie das Gewindeteil des Bewegungsmelders durch die Öffnung und ziehen Sie es innen im Unterteil mittels einer Mutter mit der Rohrzange fest.
4   Schneiden Sie die vorgestanzte Öffnung aus dem Deckel des Unterteils. Bringen Sie die Kabeleinführungsabdichtung an und durchbohren Sie sie in der Mitte. Legen Sie die Sicherung in den Sicherungshalter ein und ziehen Sie seine rote Ader weiter bis

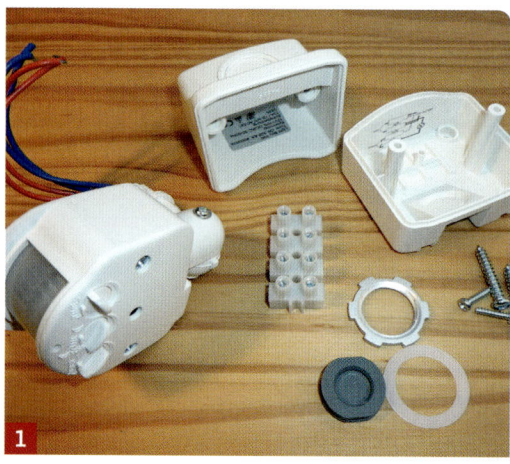
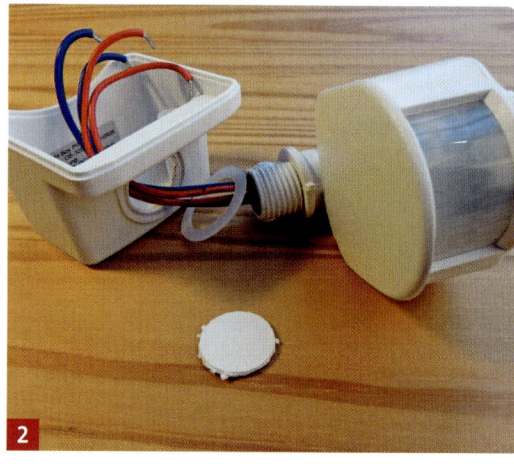

zum Pluspol der Batterie am Bewegungsmelder. Ziehen Sie diese Ader und die drei 20-cm-Adern 0,75 mm^2 (blau, braun und schwarz ummantelt) durch die Kabeleinführungsabdichtung. Isolieren Sie die Enden ab und verzinnen Sie sie. Schließen Sie die Adern (sowie die zwei roten und die zwei blauen Adern des Bewegungsmelders) an den Lüsterklemmen an, gleichzeitig auch die Brücke aus der gelb-grünen Ader – orientieren Sie sich am Foto.

5   Schrauben Sie den Deckel wieder an.

6   Schließen Sie die braune und schwarze Ader mit Hilfe einer Lüsterklemme an die zwei Adern der Keramikfassung an und stecken Sie den LED-Spot ein.

7   Schließen Sie am Eingang „Batterie" des Reglers die blaue und rote Ader des Bewegungsmelders und die Plus- und Minus-Ader des Batterieclips an.

8   Befestigen Sie das Netzkabel am Bewegungsmelder. Schneiden Sie das andere Ende ab und isolieren Sie die zwei Adern (rot und schwarz) ab. Schließen Sie diese am Eingang „Modul" des Reglers an.

9   Setzen Sie die zehn Akkus unter Beachtung der Polarität (jeweils entgegengesetzt) in das Batteriefach ein. Messen Sie mit dem

Die für den Funktionstest zusammengebaute Anlage.

Multimeter die Spannung an den Kontakten des Batteriefaches.
Sollte sie unter 12 V sein, müssen die Akkus geladen werden. Befestigen Sie den Batterieclip am Batteriefach.

10 Der Mini-Solargenerator ist jetzt betriebsbereit.

Funktionstest des Ladereglers
Prüfen Sie am Laderegler,
- ob die Kontrollleuchte „Akku voll" (LED grün) leuchtet,
- ob die Kontrollleuchte „Modul" (LED rot) leuchtet, wenn sich das
  Modul in der Sonne befindet. Sobald es der Sonne ausgesetzt ist,
  muss die Spannung der Batterie steigen (messen Sie dies am Eingang „Akku").

Testen Sie die Funktion des Bewegungsmelders. Stellen Sie ihn dafür
auf Minimaldauer und den Dämmerungsschalter auf „Sonne". Wenn
Sie den Bewegungsmelder mit der Hand (Wärmequelle) abdecken,
muss die Lampe brennen und nach 15 Sekunden ausgehen. Falls
nicht, prüfen Sie,
- ob die Lampe oder die Sicherung durchgebrannt ist,
- ob an der Lüsterklemme des Bewegungsmelders die 12 V anliegen,
- die Verbindungen (hauptsächlich die Polarität).

11 Trennen Sie die verbundenen elektrischen Elemente (Bewegungsmelder, Regler, Batterie, Modul, Lampe) für den Einbau in die
   Gartenleuchte wieder voneinander.

Herstellen des Gehäuses aus Sperrholz (45° Neigungswinkel des Daches, hintere Tür mit Magnetverschluss) und Einbau der elektrischen Elemente

1 Sägen Sie die Platte 25 × 25 cm diagonal durch, um zwei Dreiecke zu erhalten. Bohren Sie jeweils auf einer der Seiten 5 mm vom Rand entfernt drei Löcher mit 3 mm Ø. Versenken Sie die Schrauben 3 × 30 mm beim Befestigen der zwei Seiten auf der Platte 24 × 10 cm (streichen Sie vorher Holzleim auf die Flächen, die aneinander befestigt werden sollen).

2 Streichen Sie Holzleim auf den Rand der 5-mm-Sperrholzplatte 35 × 12 cm und befestigen Sie sie mit kleinen Nägeln an den schrägen Kanten der Seitenteile.

3 Kleben und verschrauben Sie die kleine Dachleiste (Verstärkung für die Scharniere) oben und an den Kanten dieses Gehäuses. Raspeln Sie mit der Holzraspel die zwei Seiten des Gehäuses ab, damit sie aneinander angeglichen sind.

4 Schrauben Sie an der oberen Kante der Tür (Platte 25 × 12 cm) und anschließend an der vorher angebrachten Dachleiste die zwei Scharniere an.

5 Bohren Sie mit dem 6-mm-Bohrer ein Loch in die Mitte der Bodenplatte. Dann bohren Sie 2 cm von der hinteren Kante entfernt (mit der Loch- oder Schweifsäge) ein Loch mit 5 cm Ø. Passen Sie den Spot ein und befestigen Sie ihn mit Silikon. Schrauben Sie ganz am Rand der Platte den feststehenden Teil des Magnetschlosses an.

6 Schrauben Sie direkt gegenüber ganz unten an der Tür den anderen Teil des Magnetschlosses an.

7 Schleifen Sie die Kanten des Gehäuses ab. Streichen Sie die sichtbaren Holzteile zwei-, besser dreimal mit Farbe oder Lasur.

Links: Das Gehäuse mit der hinteren Scharniertür. Diese Form ist natürlich nur ein Vorschlag.

Rechts: Bei aufgeklappter Tür sieht man die Lampe.

Rechts: Der in den Boden des Gehäuses eingepasste LED-Spot.

8   Befestigen Sie an den Kanten der Gehäuseöffnung die selbstklebende Dichtung, die einen hermetischen Verschluss der Tür gewährleistet.

9   Damit die Tür von oben her vor Regen geschützt ist, kleben Sie mit starkem Klebstoff das Gummiband über die Dach- und Türkante.

Rechts: Komplett installiert.

10 Befestigen Sie mit den vier Edelstahlschrauben das Modul auf dem Dach des Gehäuses. Besser ist, es mit Silikon zu verkleben,

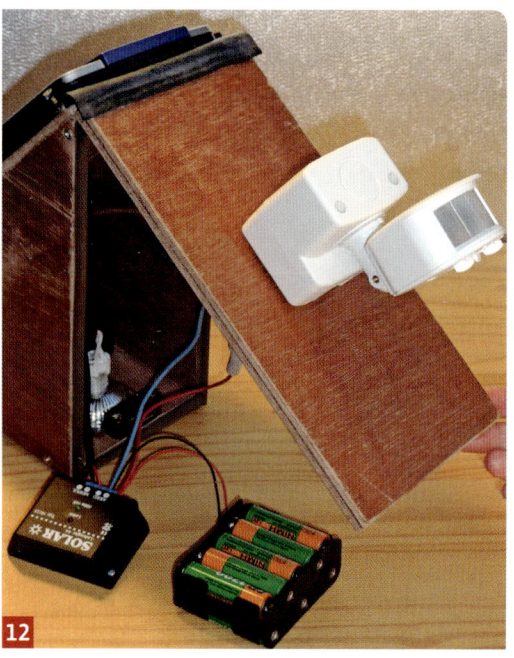

damit es keine Löcher gibt, in die Regenwasser eindringen kann. Führen Sie das Kabel durch den Schlitz zwischen Boden und Dach ins Innere und verschließen Sie dann den Schlitz mit Silikon.

11 Bohren Sie mit dem 6-mm-Bohrer ein Loch in die Mitte der Tür und ziehen Sie die vier Adern des Bewegungsmelders durch. Öffnen Sie den unteren Teil des Bewegungsmelders und verschrauben Sie ihn mit zwei Schrauben 3 × 10 mm an der Tür. Bringen Sie den Deckel wieder an.

12 Verbinden Sie die elektrischen Elemente miteinander. Schrauben Sie den Regler an eine Innenseite des Gehäuses. Stellen Sie die Batterie auf den Boden.

13 Schließen Sie die Tür. Überprüfen Sie erneut, ob der Bewegungsmelder das Einschalten des Spots steuert.

14 Biegen Sie das Aluminiumblech als Regenschutz für den Bewegungsmelder, streichen Sie es und klammern es auf die Tür. Sie können den Regenschutz auch aus dünnem Sperrholz bauen.

Befestigen des Gehäuses auf dem Pfosten

Spitzen Sie ein Ende des Holzpfostens zu. Schlagen Sie ihn mit dem Schlägel am ausgewählten Standort 50 cm tief in den Boden. Der Standort sollte in der Nähe des Zugangswegs sein, aber frei von irgendwelchen Dingen, die das Modul hauptsächlich im Winter verschatten könnten.

Bohren Sie zuvor mit dem 5-mm-Bohrer ein Loch in die Mitte des oberen (flachen) Endes. Verschrauben Sie mit der Ringschraube 6 × 50 mm das Gehäuse auf dem Pfosten. Ziehen Sie sie nicht zu sehr fest, damit es je nach Sonnenstand gedreht werden kann.

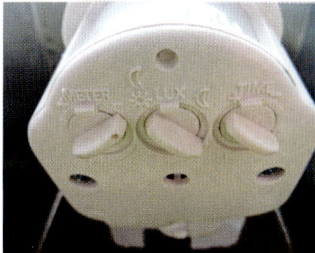

Die Regler des Bewegungsmelders.

13

Das Gehäuse kann auf dem Pfosten befestigt werden.

14

Das Aluminiumdach schützt den Bewegungsmelder vor Regen.

Funktion

Stellen Sie den Bewegungsmelder auf nächtliche Nutzung und auf seinen Standort ein. Im Einzelnen:

- *Meter* (Abstand) bis zum Maximum
- *Lux* (Dämmerungseinstellung) auf Nacht (Symbol „Mond")
- *Zeit* (Dauer) leicht über dem Minimum

Nähern Sie sich in der Dämmerung dem Erfassungsbereich, bis die Lampe aufleuchtet. Beachten Sie die Dauer der Beleuchtung. Sollte sie zu kurz oder zu lang sein, können Sie diese mit dem Regler entsprechend anpassen.

Im Winter oder zu Zeiten mit wenigen sonnigen Tagen sollten Sie die Dauer auf etwa zehn Sekunden reduzieren (um die Funktion der Batterie aufrechtzuerhalten).

Wenn die Lampe erst bei absoluter Dunkelheit angeht, drehen Sie den mittleren Regler ein wenig in Richtung des Symbols „Sonne".

Die empfohlene Höhe für den Bewegungsmelder ist 2,50 m. Da der Pfosten nur 1,50 m hoch ist, richten Sie den Bewegungsmelder horizontal aus und nicht nach unten geneigt. Falls der Erfassungsbereich zu groß ist, drehen Sie den Regler nach links. Darüber hinaus beeinflussen die äußeren Bedingungen seine Funktion:

- Regen, Schnee und Nebel verringern die Reichweite,
- warme Winde und einige HF-Strahlungen (Funkanlagen) können Fehlfunktionen auslösen.

Links: Eine Solarmarkise über der Eingangstür im „Haus der Sonne".

Rechts: Im Vordergrund der Bewegungsmelder. Hinten der Solarregler und die Elektrik der Leuchtstofflampe 12 V.

INFO

Kosten

Modul: 30 bis 50 €

Regler: 15 €

Akkus: 40 bis 50 €

Bewegungsmelder: 20 bis 35 €

Lampe: 15 bis 20 €

Elektrisches Zubehör: 5 €

Holz: 10 bis 15 €

Metallteile: 5 bis 10 €

Gesamtpreis also ca. 140 bis 200 €.

Zur Kostensenkung können Sie außer den klassischen Lösungen (Seite 45) auch Folgendes tun:

Die Kapazität der Akkus reduzieren: mit 1300 mAh zu 3 € pro Stück (somit 10 Stück für 30 €), Einsparung 10 bis 20 €; die Betriebsdauer wird zwar halbiert, aber je nachdem, wie oft man am Bewegungsmelder vorbeigeht und wie die Beleuchtungsdauer eingestellt ist, kann dies ausreichen. Nehmen Sie eine Lampe mit weniger Leistung, etwa eine mit 4 LEDs zu 0,5 W für ca. 5 €. Einsparung: 10 bis 15 €.

Somit insgesamt eine Einsparung von 20 bis 35 €. Alternativ können Sie eine fertige Solarlampe zum Preis zwischen 35 und 60 € kaufen. Aber die Leistung der Beleuchtung ist niedriger.

Solarlampe mit Bewegungsmelder – die industrielle Ausführung.

Autarke Stromversorgung eines Segelbootes

Schwierigkeitsgrad: Mittel. Zeitaufwand: 1 bis 2 Tage.

Sportsegler haben vor gut zwanzig Jahren damit begonnen, ihr Segelboot mit Fotovoltaikmodulen auszustatten, um damit die Stromversorgung an Bord von fossilen Brennstoffen unabhängig zu machen. Heute sind Solarmodule zum Standard geworden: Bei einem Spaziergang durch einen Jachthafen sieht man sie überall. Manchmal werden sie mit einer kleinen Windkraftanlage verbunden. Weit entfernt von irgendwelchen luxuriösen Einrichtungen stellen wir hier eine bewusst einfach gehaltene Anlage vor, die dem Energiebedarf für sommerliche Kreuzfahrten bis in die Karibik entspricht. Das Segelboot in diesem Einsatzbeispiel ist die „La vie en rose".

Wahl der Bauteile
Solarmodule

Die beiden 40-W_p-Module wurden im Jahre 1994 gebraucht gekauft. Sie sind so an den Seiten des Hecks angebracht, dass sie optimal zur Sonne ausgerichtet werden können. Das Wichtigste ist die Vermeidung von Schatten, was auf einem Segelboot nicht selbstverständlich ist.

Regler

Mit einem Laststrom von 15 A ist er an den Einsatz auf See angepasst:
- Tropenfest, um der salzhaltigen Luft zu widerstehen: Rundum-Beschichtung, Befestigungen aus rostfreiem Stahl, Kühlkörper aus eloxiertem Aluminium.
- Unterdrückung des Rauschens in den Kommunikationsgeräten.

„La vie en rose"

Vorteile	Schwachpunkte
autarke Stromversorgung	aufwändige Installation
Verringerung der Laufzeit des Motors: er läuft nur, um die Batterie aufzuladen	

Links: Das Steuerbord-Modul: neigungsverstellbar zur Anpassung an den Sonnenstand.

Rechts: Das Backbord-Modul, ebenfalls manuell verstellbar.

- Betriebsbereich: −40 bis +60 °C.
- Temperaturausgleich (für die Batterie).
- Auswahl des Batterietyps (flüssiger Elektrolyt oder Elektrolyt-Gel, wasserdicht)
- Lebensdauer 15 Jahre.

Außerdem zeigt er die Ladung und Entladung an und registriert den Energieeingang und -ausgang.

Verkabelung

Zum Schutz vor Rost sind die abisolierten Adern der Kabel verzinnt.

Schalttafel

An ihr ist der Regler, ein Sicherungskasten und Schalter für 12-V-Geräte montiert. An einer 12-Volt-Mehrfachsteckdose kann man verschiedene Kleingeräte sowie punktuell einen kleinen Wechselrichter anschließen (Seite 148).

Batterie

Eine wasserdichte Bleibatterie mit einer Kapazität von 100 Ah. Ursprünglich war geplant, auch die zweite 100-Ah-Batterie für den Motor mit Solarenergie zu laden. Aber mit dem richtigen Energiemanagement bleibt diese Batterie immer geladen, obwohl der Motor nur im äußersten Notfall läuft: Wir haben es hier mit überzeugten Seglern zu tun!

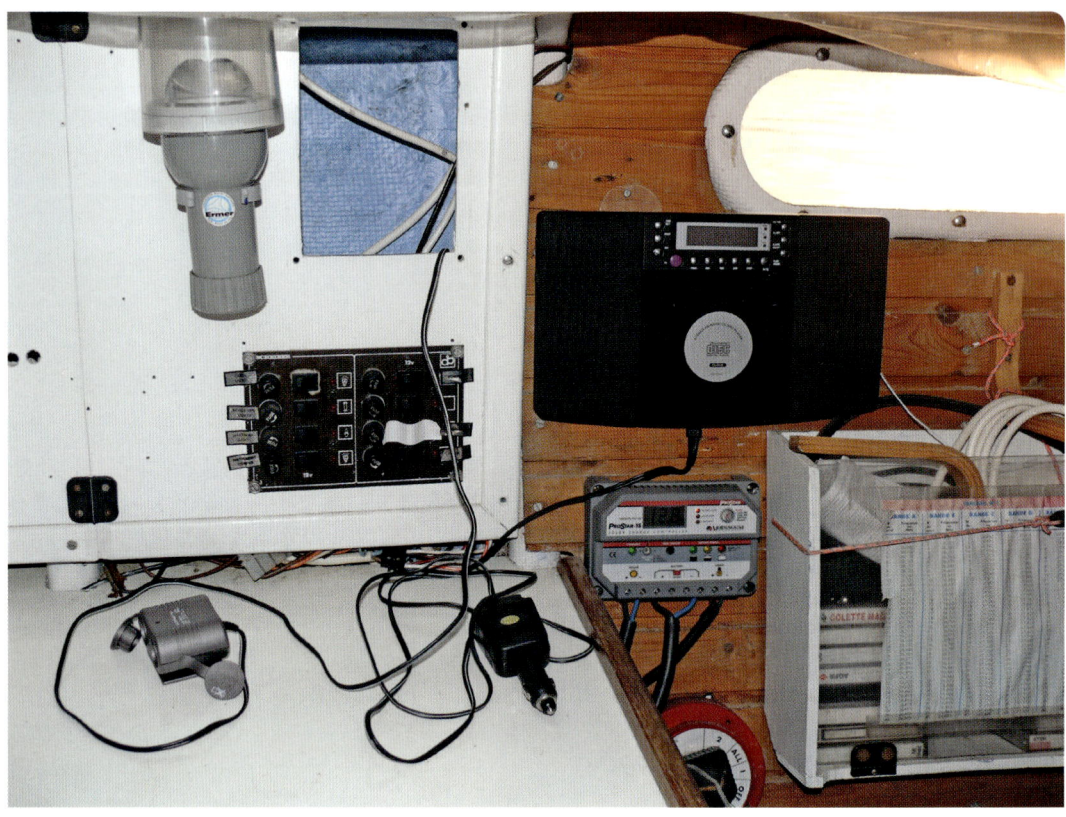

Die Instrumententafel (einschließlich Solarregler mit Display und Gehäuse für Schalter und Sicherungen) sowie das Radio-CD-Gerät. An die Mehrfachsteckdose auf dem Tisch können 12-V-Kleingeräte angesteckt werden. Der Wechselrichter ist hier nicht zu sehen.

Pumpen

Die Bilgenpumpe läuft nur in Ausnahmefällen (mit ein wenig Wasser in der vorderen Bilge) und nur per Handbetrieb. Für Süßwasser reicht eine altmodische Fußpumpe, die nur das unbedingt erforderliche Wasser fließen lässt.

12-V-Kühlschrank

Es handelt sich um eine 100-Liter-Kühlkombination, isoliert mit 8 cm Schaum und einer dünnen, reflektierenden Wärmedämmung. Er wird von einem Kompressor mit variabler Drehzahl gekühlt. Da er nur ein Drittel der Zeit läuft, ist der Verbrauch effizient und niedrig, außerdem verbraucht er nur 2 A (25 W).

Bei einer Kreuzfahrt ist er nachts nicht in Betrieb und er läuft nur je nach Wetterlage: Viel Sonne = viel Kälte!

Lampen

Die 12-V-Beleuchtung besteht vollständig aus LEDs, und zwar:
• 3 Spots mit 1 W (Kartentisch, Kombüse, Kajüte)
• 1 Spot mit 3 W (für das WC).

Konverter

Von Zeit zu Zeit wird ein kleiner Wechselrichter 12/230 V, 150 W an die 12-V-Mehrfachsteckdose angesteckt, um ein Handy mit einem 12-V-Adapter zu laden. Bei Bedarf kann man mit einem Konverter 12/19 V ein Notebook direkt betreiben, ohne über den Wechselrichter-Transformator gehen zu müssen.

Funktion

Während einer Kreuzfahrt versorgt der Fotovoltaikgenerator die folgenden Verbraucher:
- in erster Linie den Autopiloten, der mit durchschnittlich 1,5 A recht viel verbraucht (je nach Steuerung des Bootes und Seegang)
- die Fernlichter bei Nacht: 25 W (das ist viel) – sie werden jedoch bald gegen LEDs mit weitaus geringerem Verbrauch getauscht
- die Bordelektronik (GPS, Schiffslog, Windmesser) – Verbrauch sehr niedrig
- den VHF-Funk: niedriger Verbrauch (außer im Sendebetrieb vor Ankunft im Hafen)

Schaltschema des Bootes.

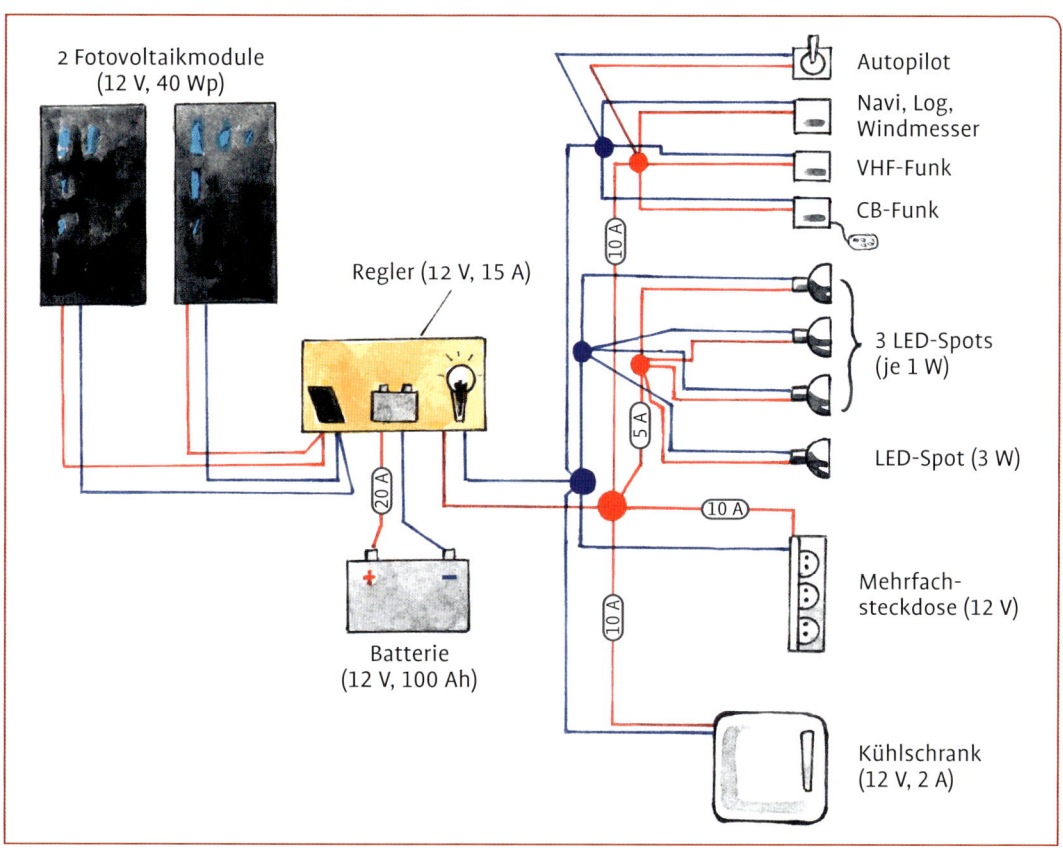

Rechts oben: eine LED-Deckenleuchte, eine LED-Handlampe und ein Ventilator, alle Geräte mit 12 V.

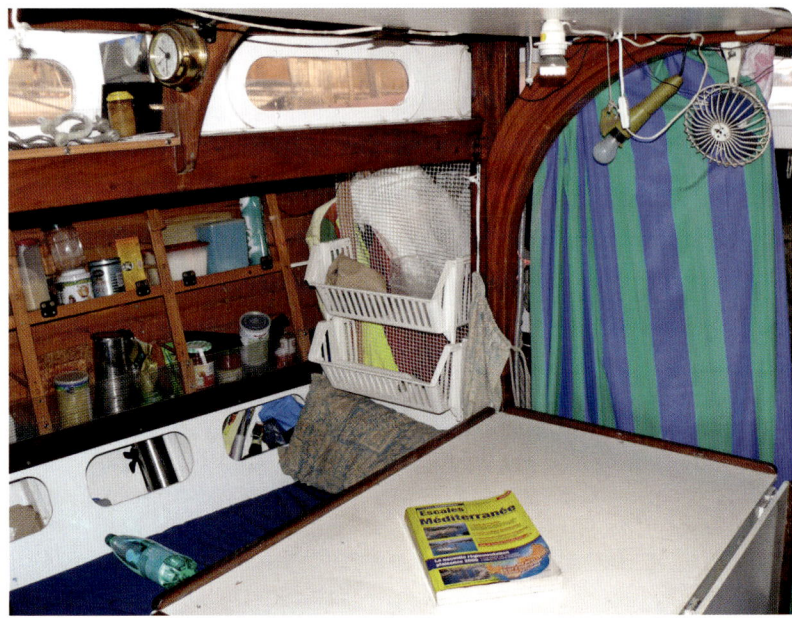

Links: Auf einem anderen Segelboot: fotovoltaisches Dünnschichtmodul, verstellbar mit Hilfe von Schnüren.

Rechts: Dünnschichtmodul auf der Brücke eines anderen Segelbootes. Die Vermeidung von Schatten ist hier nicht gerade einfach.

- den CB-Funk während langer Reisen (sehr wenig benutzt)
- den Kühlschrank (tagsüber)
- die Beleuchtung
- die Audiogeräte

Am Liegeplatz im Hafen müssen nur die Beleuchtung, die Musik, die Batterieladegeräte (Handy, Kamera) und der Kühlschrank versorgt werden.

Autarke Stromversorgung

Bei Anschluss aller Geräte und höchstens 50%iger Entladung (100 : 2 = 50 Ah) gewährleistet die Batterie bei einer Kreuzfahrt eine autarke Versorgung von ca. zwei Tagen.

Die Verbindung von Fotovoltaik und Windkraft ist interessant, weil sich beide ergänzen. Allerdings ist der Windrad-Ertrag in dieser geringen Höhe und durch Turbulenzen eher gering.

INFO

Kosten
Solarmodule: gebraucht; sonst: 400 bis 800 €
Regler: 125 €
Batterie: 170 bis 300 €

Kühl-/Gefrierschrank: 500 bis 600 €
Lampen: 80 €
Kabel und Zubehör: 100 €
Gesamtpreis also ca. 1375 bis 2005 €.

Solar-Motorboot

Schwierigkeitsgrad: Mittel. Zeitaufwand: 2 Tage.

Wir zeigen Ihnen in diesem Beispiel den Bau eines kleinen solarbetriebenen Motorbootes. Vielleicht genießen Sie es ja auch, auf den Flüssen oder Kanälen in Ihrer Nähe eine Bootsfahrt zu machen. Natürlich fährt das Boot nicht gerade schnell, vor allem bei reinem Solarantrieb, aber das ist ja auch nicht das Ziel. Im Gegenteil, Sie können die Natur genießen – ohne Umweltverschmutzung und Krach.

Funktionsweise

Uns fehlten die Mittel zum Bau eines echten Solar-Motorboots – also haben wir ein vorhandenes kleines, durch einen Elektromotor angetriebenes Boot mit Solartechnik versehen. Für diesen minimalistischen und einigermaßen normgerechten Prototyp, der aber tadellos läuft, haben wir hauptsächlich recycelte oder bereits vorhandene Komponenten verwendet. Aber je nach Ihren Möglichkeiten und sicherlich zu einem attraktiven Preis können Sie das gesamte Material auch neu kaufen. Das 30 Jahre alte Boot hat eine Doppelhülle aus Polyester und Platz für vier Personen. Das Gewicht des verbauten Materials (siehe unten) verringert die Anzahl der Passagiere auf drei oder sogar auf zwei.

Vorteile	Schwachpunkte
eigenständiger Betrieb	hoher Preis
Treibstoff: Sonne	Energiespeicherung nötig

Natürlich ist es egal, welche Art von Boot Sie benutzen, aus Kunststoff oder Holz, Hauptsache, es ist leicht.

Die Module befinden sich auf einer Art Pergola, so dass sie durch die Schiffsausrüstung oder seine Insassen keinen Schatten abbekommen. Außerdem haben wir so ein großes Sonnendach, das besonders im Sommer sehr angenehm ist.

Wahl der Bauteile

Motor

Um dieses leichte Boot anzutreiben, benötigt man keinen starken Motor – ein kleiner, am Heck angebrachter Außenbordmotor eignet sich hierfür bestens. Solche Motoren werden auch für Boote der Flussfischerei oder beim Angeln eingesetzt. Eine Batterie versorgt den Motor mit einer Nennspannung von 12 V. Die hier verwendete Batterie wiegt unter 8 kg. Die maximale Leistung des Motors liegt bei 430 W, also weniger als 1 PS. Er hat 5 Vorwärts- und 2 Rückwärtsgänge. Im kleinsten Gang benötigt er nur 8 A, also etwa 100 W. Es kann durchaus auch ein schwächerer Motor geeignet sein – was zählt, ist sein Wirkungsgrad: Überprüfen Sie in seinen technischen Daten (falls vorhanden) seinen Schub in kg abhängig von der Stromaufnahme.

Solarmodule

Es muss die Gesamtoberfläche des Bootes ausgenutzt werden, hier etwa 3 m². Passenderweise liegt die Spitzenleistung der aktuellen Module zwischen 120 und 130 W/m², was eine Gesamtleistung von 360 bis 390 W ergibt und damit sehr gut zu dem Motor passt.

Amorphe Module sind ungeeignet, weil sie nur halb so viel Leistung pro Flächeneinheit bringen.

Zum Testen haben wir fünf Module mit 70 W_p benutzt, die vom „Haus der Sonne" stammen und 15 Jahre alt sind.

Ihre Länge (1,19 m) entspricht der Breite des Bootes (1,20 m) und die Gesamtbreite (5 × 0,53 m) ergibt 2,65 m, also in etwa die Länge des Bootes (2,60 m). Falls Sie für diese Zwecke Module kaufen, dann die mit der höchsten Leistung pro m² (Seite 14).

Um bei 12 V Spannung zu bleiben, müssen die Module parallel angeschlossen werden.

Batterie

Für ein Boot ist der Faktor Gewicht nicht so ausschlaggebend wie für ein Straßenfahrzeug (Auto, Fahrrad). Wenn die Batterie auf dem Bo-

Für den Bootsantrieb wurden fünf Module vom „Haus der Sonne" ausgeliehen.

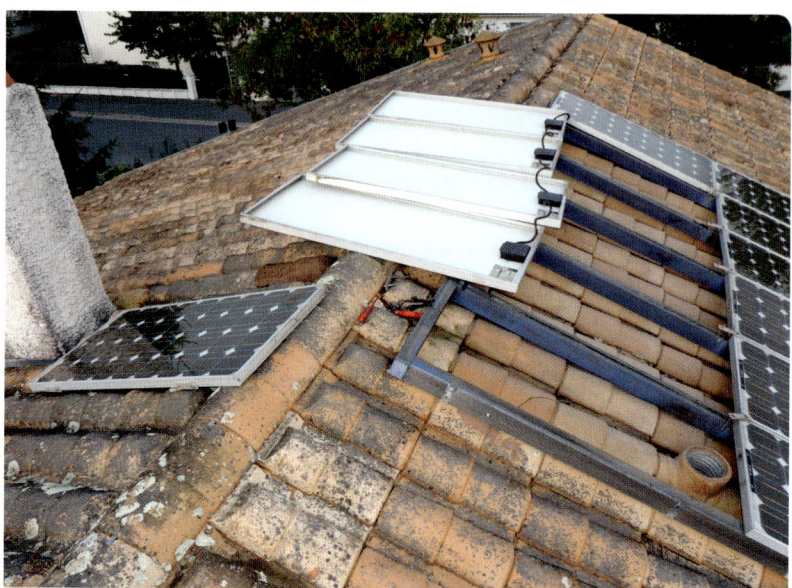

den des Bootsrumpfes steht, kann sie durch die Herabsetzung des Schwerpunktes sogar einen positiven Effekt auf die Stabilität des Boots haben. In Anbetracht des hohen Preises von Lithium-Batterien (mehrere tausend Euro für so ein kleines Boot) haben wir hier gebrauchte Blei-Gel-Batterien verwendet.

Verglichen mit der maximalen Leistung des Motors (430 W, 36 A), muss die Kapazität der Batterie mindestens dreimal so hoch wie der Stromverbrauch sein: $36 \times 3 = 108$ Ah. Da man die Batterie nur auf ca. 50 % entladen und genügend Energiereserven (mindestens drei Stunden bei voller Leistung) einkalkulieren sollte, ist es besser, sich für eine Kapazität von 200 Ah zu entscheiden. Die beiden hier verwendeten, parallel geschalteten Batterien haben je 100 Ah. Aus Gründen des Gewichts sollte man besonders in diesem Fall nicht nur eine einzige Batterie von 200 Ah benutzen, weil sie ca. 60 kg wiegt!

Solarregler
Die Leistung des Solarmoduls (350 W_p, 29 A) erfordert einen starken Regler mit 30 A – es muss also ein intelligentes Modell sein (Seite 16). Es wird nur die Ladefunktion verwendet, weil der Stromverbrauch des Motors den Maximalstrom des Reglers beim Entladen übersteigen würde (ebenfalls 30 A). Ansonsten müssten Sie einen noch leistungsfähigeren (und teureren) Regler verwenden. Somit wird der Motor also direkt mit einem Kabel mit hohem Querschnitt (16 mm^2) und einem 50-A-Sicherungsgehäuse an der Batterie angeschlossen. Da die Batterie nicht vor einer Tiefentladung (über 50 %) geschützt ist, muss man ihre Spannung überwachen.

Voltmeter und Amperemeter

Obwohl der Regler über eine Digitalanzeige verfügt, ist er nicht unbedingt auf die Betriebsart Voltmeter geschaltet und außerdem ist das Display aus dem hinteren Teil des Bootes schwer abzulesen. Zur Spannungsüberwachung an der Batterie sollte man deshalb ein Voltmeter anschließen, zum Beispiel ein Modell mit Digitalanzeige ohne externe Stromversorgung (Seiten 112 und 118).

Ein eingebautes Amperemeter (40–50 A) zeigt den aktuellen Stromverbrauch des Motors je nach Getriebegang an.

Instrumententafel

Sie sitzt mittschiffs, direkt hinter den Batterien, und gruppiert alle Kontrollsysteme (Regler, Amperemeter, Voltmeter) und Sicherheitseinrichtungen (Sicherungsgehäuse, Batterieunterbrecher).

Elektrokabel

In Anbetracht des maximalen Stromverbrauchs und der Kabellänge zwischen den wichtigsten Systemen (Module, Regler, Batterie), hier die Querschnitte für einen Verlust unter 5 %:
- $2 \times 1,5$ mm² (Module–Anschlussgehäuse)
- $2 \times 2,5$ mm² (Anschlussgehäuse–Regler und Regler–Batterie)
- 10–16 mm² (Verbindung der Batterien untereinander und Batterie–Armaturenbrett)

Aus praktischen Gründen sind die ersten beiden Kabel flexibel (kunststoff- oder gummiummantelt) und das dritte starr und eindrahtig: rot für Plus, blau für Minus.

Material
Elektromaterial
1 Außenbord-Elektromotor 12 V, 430 W
5 Solarmodule 12 V, 70 W_p
1 Solarregler 12 V, 30 A
2 Blei-Gel-Batterien 12 V, 100 Ah
1 Satz mit 3 Sicherungsgehäusen 50 A und Sicherungen 50 A
1 Batterieunterbrecher mit Schlüssel
1 Einbau-Voltmeter 30 V
1 Einbau-Amperemeter 40 oder 50 A
6 m Kabel ummantelt $2 \times 1,5$ mm²
1 m Kabel ummantelt $2 \times 2,5$ mm²
2 m Kabel 16 mm² (rot ummantelt)
2 m Kabel 16 mm² (blau ummantelt)
1 Verteilerdose mit 6 Ausgängen, Lüsterklemmen (große und mittlere)
2 Ringkabelschuhe für Kabel 16 mm²

Holz

8 Dachlatten, Tanne oder *Rote Zeder* (leichter), 50 × 30 mm: 2 mit
   240 cm, 2 mit 119 cm, 4 mit 90 cm Länge
4 Holzleisten 20 × 20 mm × 2,40 m
1 Sperrholzbrett für außen 10 mm: 35 × 40 cm

Metallteile

4 Ringschrauben 5 × 70 mm und 4 Unterlegscheiben
4 Senkspanplattenschrauben 5 × 90 mm
8 Senkspanplattenschrauben 4 × 70 mm
10 Senkspanplattenschrauben 4 × 45 mm
Spanplattenschrauben 3 × 10 mm
20 selbstschneidende Schrauben 4 × 60 mm
1 selbstschneidende Schraube 4 × 20 mm
8 große Unterlegscheiben

Diverses

1 Spanngurt
Silikon
Starkes Klebeband
Farbe oder Lasur

Schaltschema.

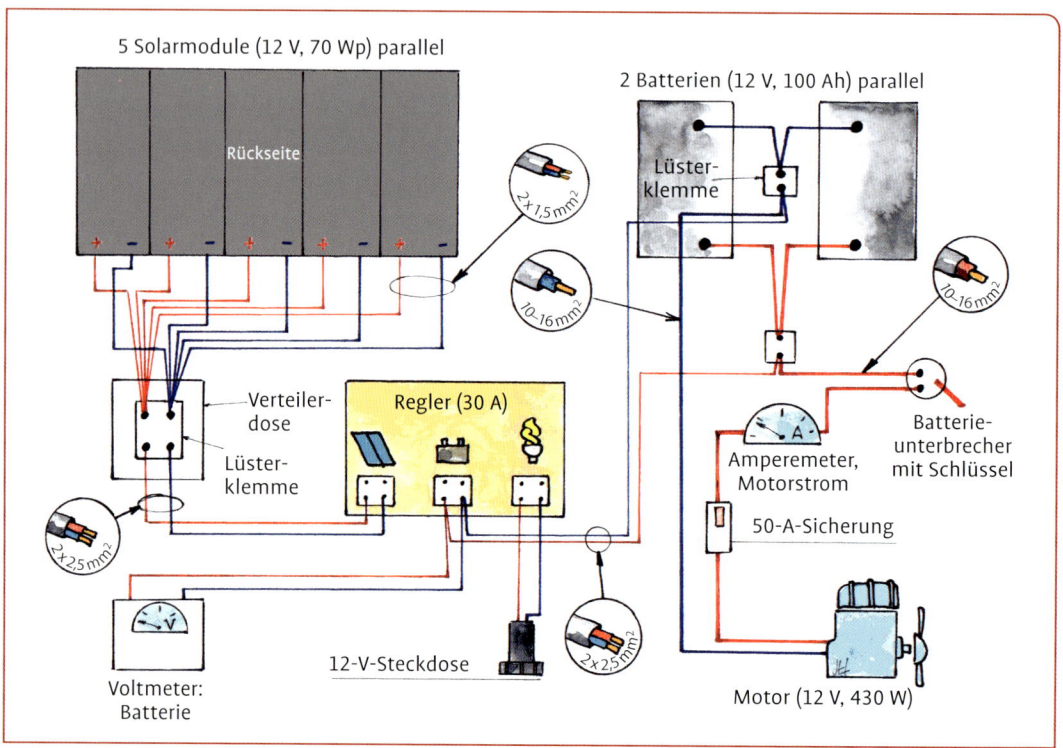

Gewicht

Für das vorgestellte Beispiel muss man zum Boot (36 kg) noch 121 kg für die Ausrüstung hinzurechnen:

Module: 7,1 × 5 = 35,5 kg
Batterien: 32,2 × 2 = 64,4 kg
Motor: 7,7 kg
Holz: 9 kg
Eisenwaren und elektrisches Material: 4,4 kg

Das ergibt insgesamt 157 kg, ohne den Kapitän. Das Ganze ist leicht zu transportieren: mit einem kleinen Anhänger, auf einem Dachgepäckträger (mit Dachreling) oder in einem Transporter. Sie können das Gewicht reduzieren, indem Sie Folgendes verwenden:
Dünnschichtmodule ohne Rahmen: ca. 15 kg leichter
1 einzige Batterie mit 120 Ah, die jedoch auf bis zu 80 % entladen werden kann (AGM-Technologie, Seite 19), etwa 30 kg leichter.
Somit kann bis zu 45 kg (ca. ein Drittel) an Gewicht eingespart werden.

Teileübersicht für das Solar-Motorboot.

Werkzeug

Säge (Stichsäge oder Fuchsschwanz)
Lochsäge (oder Schweifsägeblatt)
elektrische Bohrmaschine und Bits
Kreuzschlitz-Schraubendreher
Rohrzange oder 17er-Schraubenschlüssel
10er- oder 13er-Steckschlüssel, gebogen
7er-Schraubenschlüssel
Kabelmesser
Holzbohrer mit 3, 5, und 10 mm
Maßband, Lineal, Bleistift
Eisenfeile und Schleifpapier
einfaches Elektrowerkzeug (Seite 32)

Bauanleitung

Boot-Pergola (Unterbau der Module)

Rotes Zedernholz ist unverwüstlich und leicht. Sie können aber ohne weiteres auch ein anderes Holz benutzen. Die senkrechten Stützen werden am Bootsrumpf befestigt, darauf die waagrechten Leisten.

1 Bohren Sie an den vorderen und hinteren Außenkanten des Rumpfes je ein 5-mm-Loch für jede der vier senkrechten Stützen (0,90 m Länge), in die Sie 3-mm-Löcher (in Längsrichtung) vorbohren.
Schrauben Sie die Stützen mit vier Ringschrauben und je einer Unterlegscheibe am Bootsrumpf an und ziehen Sie sie mit dem 10er-Schlüssel fest.

2 Befestigen Sie oben auf den senkrechten Stützen hinten und vorn die zwei waagrechten Latten mit 1,19 m Länge, nachdem Sie an jedem Ende ein 3-mm-Loch vorgebohrt haben. Verschrauben Sie sie mit den 90-mm-Schrauben.

Verschrauben Sie mit den 70-mm-Schrauben auf jeder Seite eine Längslatte von 2,40 m mit den oberen Querlatten. Die Längslatten stehen vorn und hinten jeweils 20 cm über.

3   Streichen oder lasieren Sie die Holzteile.

Montage der Module auf dem Holzunterbau

Schließen Sie die Kabel an den Modulen an. Sobald die Module am Unterbau befestigt sind, kommen Sie nicht mehr an die Anschlussgehäuse, da sie dann von den Latten verdeckt werden. Um Funkenbildung (ungefährlich) an den Kabelenden der Anschlüsse zu vermeiden, sollten Sie im Schatten arbeiten oder die Module abdecken.

4   Schneiden Sie das ummantelte Kabel $2 \times 1{,}5$ mm² in fünf Stücke zu je 1,20 m Länge. Isolieren Sie jeweils beide Enden auf 5 cm ab. Isolieren Sie die Adern auf 1 cm ab und verzinnen Sie diese. Entfernen Sie die Schrauben an der Anschlussdose eines Moduls und öffnen Sie sie. Führen Sie ein Ende des Kabels in die Kabeleinführungsabdichtung ein. Ziehen Sie die Kunststoffmutter fest, schließen Sie die Plus- und Minus-Adern an den Klemmen an (hier Lüsterklemmen) und ziehen die Schrauben fest. Wiederholen Sie diesen Vorgang an den anderen Modulen. Ziehen Sie die Kabeleinführungsabdichtung fest, um die Dichtigkeit an der Durchführung zu gewährleisten, und verschließen Sie die Anschlussgehäuse.

Hinweis: Auf der Rückseite der Module ist ein Anschlussschema aufgedruckt. Bei Zweifeln setzen Sie das Modul der Sonne aus. Überprüfen Sie mit dem Multimeter die Ausgangsspannung zwischen den Klemmen (etwa 20 V) sowie die Polarität.

5   Bringen Sie die Module fugendicht auf dem Holzunterbau an. Die Module überragen den Unterbau vorn und hinten um 12 cm, was die mechanische Stabilität aber nicht beeinflusst.

6a

6   Da das Gestell mit dem Gewicht der Module von 35 kg so nicht
stabil genug ist, sollte man es verstärken. Am einfachsten geht
das mit Dachlatten (24 × 48 mm): zwischen dem Oberteil vorn
und dem Unterteil hinten – Längsversteifung; über Kreuz vorn
oder hinten (oder beides, falls nötig) – Querversteifung.
Zugegeben, damit sieht das Boot ein wenig wie ein Käfig aus
und der Zugang sowie die Sicht werden erschwert. Wir haben
diese Versteifung etwas auf die Schnelle durchgeführt, um das
System möglichst bald auf dem Wasser testen zu können. Eine
ansprechendere Lösung kann durch Anschrauben von Dreiecken
aus Sperrholz in jeder oberen Ecke des Gestells realisiert werden.

6b

7

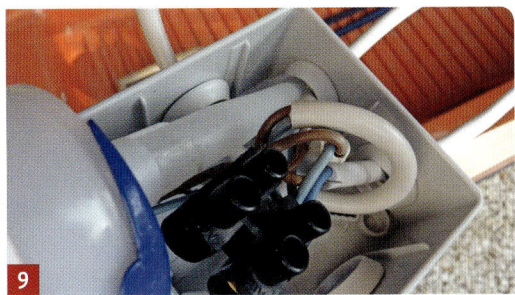

7   Schrauben Sie die Module mit selbstschneidenden 60-mm-Schrauben fest, die den Alurahmen mit den Längsdachlatten verbinden (zwei Stück pro Modul auf jeder Seite).

8   Schneiden Sie die sechs Kabeleinführungsabdichtungen der Verteilerdose auf. Schieben Sie die fünf freien Enden der Modulkabel durch diese Löcher.

9   Schalten Sie die Module parallel, indem Sie die fünf Plus- und Minusadern jeweils zusammen an einer großen Lüsterklemme anschließen. Für einen guten elektrischen Kontakt ziehen Sie die Schrauben richtig fest. Dichten Sie die Kabeleinführungsabdichtungen auf der Innenseite der Dose mit Silikon gut ab.

10 Befestigen Sie die Verteilerdose mit einer selbstschneidenden 20-mm-Schraube am Alurahmen zwischen dem zweiten und dritten Modul von vorn. Befestigen Sie herabhängende Kabelstücke mit starkem Klebeband (Seite 166, Foto 25).

Schalttafel und Verkabelung von Regler, Batterie und Sicherungen

11 Befestigen Sie die Sicherungen, den Batterieunterbrecher, den Regler sowie das Voltmeter und Amperemeter auf dem Sperrholzbrett. Bohren Sie für die Befestigung des Amperemeters (mit der Lochsäge oder der Stichsäge mit Schweifsägeblatt) ein Loch von 5 cm Durchmesser. Bohren Sie mit dem 10-mm-Bohrer Löcher zur Durchführung der Anschlusskabel (Module, Batterie usw.) auf der Rückseite der Schalttafel.

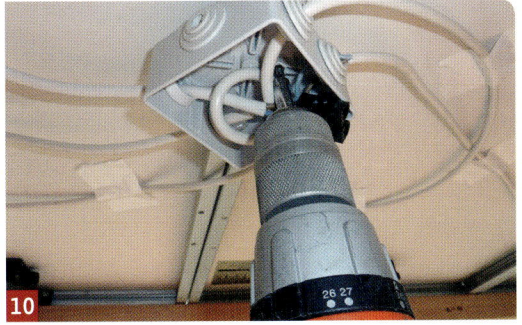

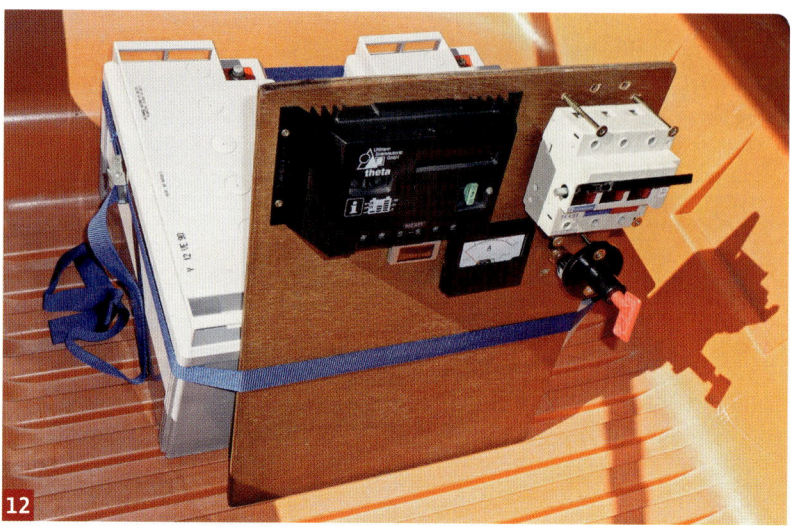

12

12 Stellen Sie die Batterien in der Mitte oder im vorderen Drittel des Rumpfes ab, so dass je nach Anzahl der Personen an Bord ein Gleichgewicht hergestellt wird. Verzurren Sie die Schalttafel mit dem Spanngurt an den Batterien.

13 Zur Parallelschaltung der Batterie mit dem dicken, starren Kabel (10–16 mm²) verwenden wir schon seit über 15 Jahren eine sehr einfache, aber bewährte Methode. Nichtsdestotrotz sind Ringkabelschuhe (Bilder 19 und 20) die normgerechtere Lösung. Isolieren Sie mit dem Kabelmesser das Kabelende auf 40 mm ab und biegen Sie mit der Zange den Kupferdraht ringförmig um.

14 Stecken Sie den so gebildeten Ring zwischen zwei Unterlegscheiben auf die Anschlussschraube der Batterie und schrauben Sie sie in das Gewinde der Anschlussklemme.

15 Für einen guten elektrischen Kontakt ziehen Sie die Schrauben mit dem 10er- oder 13er-Schlüssel gut fest. Schließen Sie die restlichen Klemmen genauso an, insgesamt zwei Plus- und zwei Minuspole (rot beziehungsweise blau).

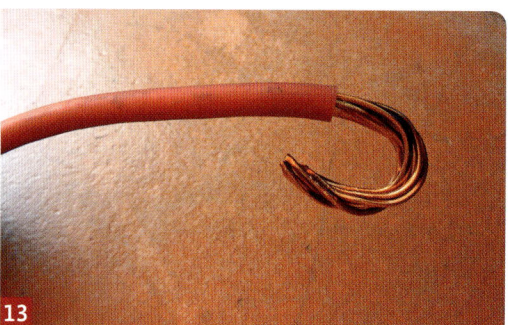

13

14

16 Zur Parallelschaltung der Batterie (Seite 21) isolieren Sie die
freien Enden jeweils auf 15 mm ab und schrauben die beiden
Plus- und die beiden Minuskabel jeweils zusammen in einer größeren Lüsterklemme fest.
Wichtig: Die Verbindungskabel der Batterien müssen in etwa die
gleiche Länge aufweisen, damit beide Batterien immer gleichmäßig ge- beziehungsweise entladen werden.

17 Anschluss des Batterieunterbrechers an die Batterien: Schieben Sie
ein weiteres Stück des starken roten Kabels durch ein Loch der
Schalttafel und formen Sie an einem Ende einen Ring wie zuvor
(Schritt 13). Führen Sie diesen zwischen zwei Unterlegschreiben

um eine der Anschlussklemmen des Batterieunterbrechers und ziehen Sie die Mutter gut fest. Schließen Sie auf dieselbe Weise ein weiteres Kabelstück an die zweite Klemme des Unterbrechers an. Das erste Kabel wird dann an der Lüsterklemme mit dem Pluspol der Batterien verbunden und das zweite mit dem Amperemeter.

Wichtig: Der Batterieunterbrecher mit Schlüssel erlaubt es, die Stromzufuhr von den Batterien abzutrennen. Er bietet zwei Vorteile:

• schnelle Betätigung im Notfall – elektrische Fehlfunktion, blockierter Gashebel zum Motor usw.

• Diebstahlsicherung – der Motor lässt sich ohne Schlüssel nicht starten!

Allerdings ersetzt dieser Unterbrecher nicht den mit dem Handgelenk des Bootsführers verbundenen zweiten Unterbrecher, der den Motor abschaltet, falls der Bootsführer ins Wasser fällt. Diese zusätzliche Ausgabe empfehlen wir dringend!

18 Schließen Sie auf der Rückseite der Schalttafel das Kabel vom Batterieunterbrecher an das Amperemeter an. Schneiden Sie es auf die passende Länge zu, isolieren Sie es auf 10 mm ab und befestigen Sie mit der Crimpzange einen Ringkabelschuh daran. Schieben Sie die Kunststoffisolierung des Kabelschuhs bis zum Ring vor.

19 Schrauben Sie mit einem 7er-Schlüssel den Kabelschuh an einer der Klemmen des Amperemeters fest. Gehen Sie für die zweite Klemme analog vor. Dieses Kabel führen Sie durch ein Loch in der Schalttafel und verbinden es mit der 50-A-Sicherung.

20 und **21** Schneiden Sie dieses Kabel auf die passende Länge zu. Isolieren Sie es auf 15 mm ab, schieben es in die Eingangsklemme der Sicherung und ziehen die Schraube mit dem großen Flachschraubendreher an. Schneiden Sie 30 cm vom blau ummantelten

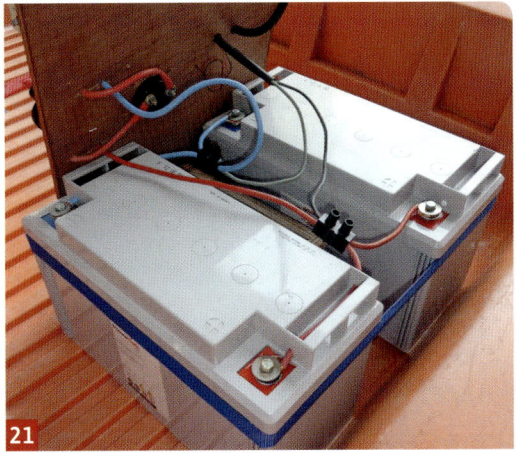

Kabel 10–16 mm^2 zu. Isolieren Sie beide Enden auf 15 mm ab. Führen Sie ein Ende in die große Lüsterklemme, die mit dem Minuspol der Batterie verbunden ist. Schieben Sie das andere Ende durch ein Loch in der Schalttafel.

22 Schrauben Sie es auf der Vorderseite der Schalttafel an der Klemme der zweiten Sicherung des 50-A-Sicherungsblocks fest.

Anschluss der Module an den Regler

23 Entfernen Sie auf 3 cm Länge an beiden Enden des 1 m langen Kabels 2 × 2,5 mm^2 die Ummantelung und isolieren Sie die Adern auf 1 cm Länge ab. Schieben Sie ein Kabelende durch das Loch an der Schalttafel und Eingang „Modul" des Reglers. Verschrauben Sie die beiden Kabelenden zusammen mit den beiden Adern des Voltmeters in den Klemmen. Am Voltmeter wird daraufhin die Batteriespannung angezeigt (hier 12,6 V).

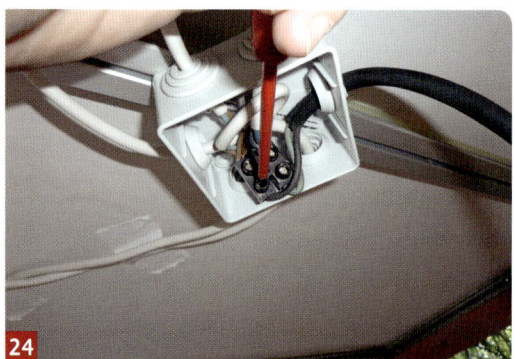

24 Schieben Sie das andere Kabelende durch die letzte Kabeldurch-
führungsöffnung der Verteilerdose und schrauben Sie die blanken
Adern in der Lüsterklemme fest.

25 Setzen Sie die Abdeckung auf die Verteilerdose. Damit sind die
Solarmodule mit dem Regler verbunden. Sobald die Module der
Sonne ausgesetzt werden, beginnen sie, die Batterie zu laden.

Anschluss des Motors an der Schalttafel und Funktionsüberprüfung

26 Schalten Sie zur Sicherheit die 50-A-Sicherung ab. Isolieren Sie
die Plus- und Minuskabel des Motors auf 15 mm ab. Schließen Sie
sie an die entsprechenden Anschlüsse der Sicherung an. Damit ist
der Motor mit der Schalttafel verbunden.
Prüfen Sie mit dem Multimeter noch einmal die Polarität an den
Sicherungen. Es ist nützlich, die Anschlussklemmen für den zu-
künftigen Anschluss des Motors mit einem roten und blauen Filz-
stift zu markieren.

27 Befestigen Sie den Motor an der hinteren Rumpfwand des Bootes.
Achtung: Achten Sie dabei darauf, dass die Antriebsschraube mit
nichts beziehungsweise niemandem in Berührung kommt. Vergewissern Sie sich vor dem Funktionstest des Motors, dass der Leerlauf eingestellt ist (Gashebel in Mittelstellung).

28 Schalten Sie nun die 50-A-Sicherung ein.

29 Schieben Sie den Gashebel um eine Rasterung nach links oder rechts. Wenn sich die Antriebsschraube dreht, ist alles in Ordnung. Prüfen Sie dabei gleich, ob der Zeiger des Amperemeters sich bewegt. Falls nicht, ist es wahrscheinlich falsch herum angeschlossen. Vertauschen Sie dann die Adern auf der Rückseite. Prüfen Sie ebenfalls, ob der Motor stehen bleibt, wenn der Schlüssel am Batterieunterbrecher umgedreht wird. Dann ist alles bereit für eine Testfahrt auf dem Wasser!

Vier Anschlussvarianten

Verwendung eines Multimeters und einer Stromzange anstatt des Amperemeters und Voltmeters an der Schalttafel (A)

Außer der Kostenersparnis gewinnen Sie eine halbe Stunde Montagezeit. Klemmen Sie die Stromzange am Pluskabel des Motors an. Schließen Sie das Multimeter (als Voltmeter) mit Hilfe der Klemmspitzen an den Klemmen einer Batterie an. Diese Lösung ist besonders geeignet für eine nur gelegentliche Nutzung Ihres Solar-Motorbootes.

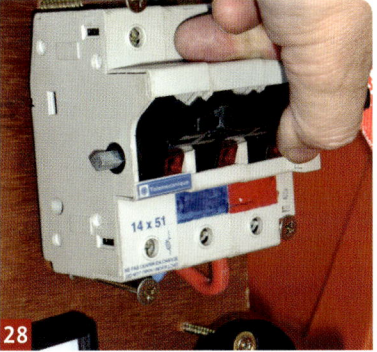

Antrieb des Motors direkt durch die Sonne (B)

Schließen Sie das Motorkabel mit einer am Pluspol zwischengeschalteten 32-A-Sicherung direkt an den Solarmodulen an. Eine angeklemmte Stromzange zeigt den von den Modulen erzeugten beziehungsweise vom Motor verbrauchten Strom an. Bei vollem Sonnenschein im September, kurz nach der Mittagszeit, haben wir zwischen 10 und 12 A registriert. Der Motor lief auf etwa einem Drittel seiner Leistung und das Boot fuhr mit etwa halber Höchstgeschwindigkeit, was für einen gemütlichen Ausflug durchaus ausreichend ist. Im Juni/Juli dürfte sich die Leistung um 20–30 % erhöhen, weil dann die Sonne senkrechter zu den Modulen steht. Allerdings fällt die Spannung bei diesem Direktanschluss ab, wodurch sich der Wirkungsgrad des Motors verringert. Außerdem funktioniert diese Anschlussvariante nur bei wolkenlosem Himmel gut – Bewölkung führt zu einer starken Verlangsamung.

Anpassung des Motorverbrauchs an die von den Modulen erbrachte Leistung (C)

Durch Anklemmen der Stromzange an eines der Modulkabel können Sie jetzt, neben dem vom Motor verbrauchten Strom, auch den erzeugten Solarstrom ablesen. Wenn Sie den Motor immer so einstellen, dass die beiden Stromwerte etwa gleich sind, können Sie den ganzen Tag schippern, ohne Batteriestrom zu verbrauchen. Dies kommt dann dem reinen Solarantrieb nach Variante B gleich, jedoch ohne den Spannungsabfall. Weiterer Vorteil: Da die Batterien bei dieser Variante nur wenig benutzt werden, können Sie auch mit einer auskommen. Somit werden Verdrahtung und Instandhaltung vereinfacht, das Gewicht verringert und Kosten gespart.

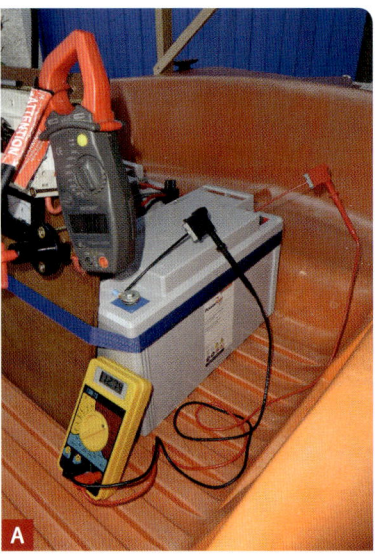

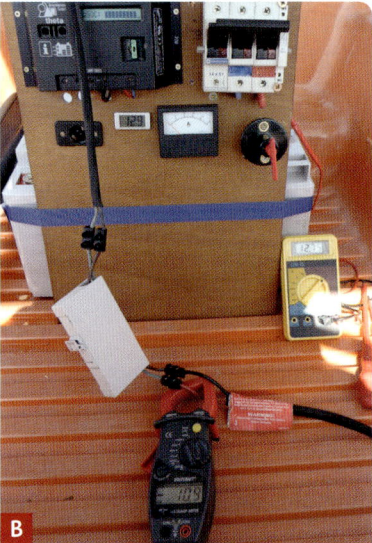

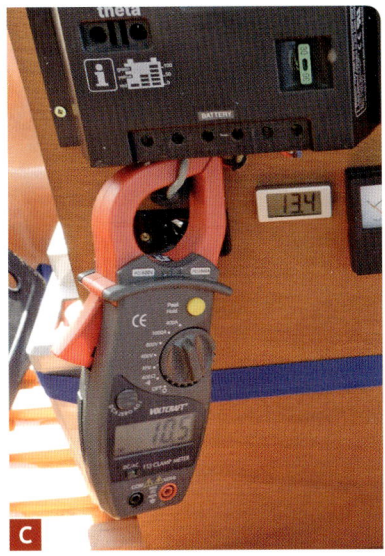

Anbringen einer 12-V-Steckdose an der Schalttafel (D)

Eine solche Steckdose erlaubt den Anschluss kleiner elektrischer Geräte, etwa eines Akku-Ladegeräts (Digitalkamera, Videokamera, Handy), eines Satellitennavigationsgeräts, eines Tauchsieders zur Zubereitung heißer Getränke oder auch einer Lampe, falls Sie mal abends noch auf dem Boot sind. Bohren Sie in der Nähe des Regler-Eingangs „Verbraucher" ein Loch mit Durchmesser 25 mm in die Schalttafel. Schrauben Sie die Einbausteckdose fest. Schließen Sie die Adern am „Verbraucher"-Eingang des Reglers an – so wird die Batterie geschützt, falls der Verbraucher versehentlich zu lange angeschlossen bleibt.

Funktion

Wählen Sie für die Testfahrt einen sonnigen Tag. Suchen Sie dazu ein eher ruhiges Gewässer aus: einen Kanal, Flussarm, Weiher oder See. Außerdem benötigen Sie einen einfachen Zugang zum Wasser, besonders wenn Sie keinen Anhänger für den Stapellauf besitzen. Erkundigen Sie sich auch, ob es örtliche Benutzungseinschränkungen gibt, wobei kleine Boote mit Elektroantrieb zumeist unproblematisch sind.

Mit etwas Übung lässt sich die Montage der Bauteile vor Ort innerhalb von 20 Minuten bewerkstelligen, falls Sie die Komponenten für den Transport nur teilweise zerlegt haben:

- Die Module bleiben mit der Verteilerdose verbunden (zum Tragen aller fünf Module übereinander werden zwei Personen benötigt);
- die Kabel bleiben an den Batterien angeschlossen, wobei Sie jedoch die blanken Kabelenden mit Lüsterklemmen schützen sollten.

Erste Testfahrt unseres Prototyps: Der Motor wird nach dem Stapellauf angebracht.

Nehmen Sie etwas Werkzeug mit, um für kleine elektrische Pannen gerüstet zu sein (Elektroschraubendreher, Zange, Schlüssel für die Batterieklemmen, Ersatzsicherungseinsätze usw.).

Nehmen Sie außerdem mit: Paddel oder Ruder (mit Rudergabeln), Anlegeleine, Eimer, Wasserschöpfer. Denken Sie auch an eine Flasche Wasser und Ihre Sonnenbrille, da die Reflexion der Sonne auf dem Wasser recht unangenehm sein kann.

Beherzigen Sie die grundlegenden Sicherheitsregeln: Nähern Sie sich den ausgewiesenen Badegebieten nicht zu sehr – denken Sie an die potenzielle Gefährdung anderer durch Ihre Bootsschraube. Halten

Das Boot ist bereit zur Jungfernfahrt.

Links: Mit diskreteren Verstrebungen könnte man die Landschaft noch besser genießen.

Rechts: Das Kielwasser des Elektromotors – es geht recht flott voran.

Sie, wenn möglich, genug Abstand zu Angelleinen. So werden Sie sicher eine angenehme Bootsfahrt erleben!

Natürlich können Sie das Boot technisch verbessern, damit der Transport, die Montage und Benutzung noch einfacher von der Hand gehen.

INFO

Kosten

Module: 1000 bis 3000 €

Regler: 130 bis 200 €

Voltmeter und Amperemeter: 30 bis 60 € (Geräte mit Digitalanzeige sind teurer)

Batterien: 350 bis 500 €

Motor: 200 bis 400 €

Holz: 50 bis 80 € (mehr für rotes Zedernholz)

Elektrisches Zubehör: 50 bis 70 €

Metallteile: 20 €

Gesamtpreis also ca. 1830 bis 4330 €.

Zur Senkung dieser recht hohen Kosten können Sie außer den klassischen Lösungen (Seite 45) auch Folgendes verwenden:

- Rohholz, das Sie hobeln oder schleifen (Hälfte der Kosten)
- einen schwächeren Motor
- Leistungsfähigere Module, die pro W_p ca. 10 bis 20 % billiger sind: etwa 3 Module zu 120 W_p, vorausgesetzt, ihre Maße passen zum Unterbau

- Gebrauchte oder eigene Batterien. Dasselbe gilt für den Motor
- Nur eine Batterie mit 100 Ah, wobei Sie den Motorverbrauch an die von den Modulen erbrachte Leistung anpassen
- ein Multimeter und eine Stromzange (bereits in Ihrem Besitz) anstatt des Amperemeters und Voltmeters an der Schalttafel (s. o.)
- Weglassen des Batterieunterbrechers, der im Grunde die Funktion der Sicherungen verdoppelt.

Im Falle einer nur gelegentlichen Nutzung, wobei Sie immer noch komplett solar bleiben: Laden Sie die Batterien mit einem Ladegerät auf, das Sie tagsüber an Ihrem fotovoltaischen Minikraftwerk zu Hause betreiben.

Bei Nutzung an nur einem Tag der Woche: Laden Sie die am Wochenende im Betrieb entladenen Batterien unter der Woche mit einem kleinen Modul von 50 bis 60 W_p wieder auf.

Zwischenspeicherung mit einem Allzweck-Fotovoltaikgenerator

Schwierigkeitsgrad: Mittel. Zeitaufwand: 2 Tage.

Bauen Sie einen kleinen Solarstromgenerator, der sowohl 12 V Gleichspannung als auch 230 V Wechselspannung liefert. Eine solche Anlage bietet sich vor allem für ein Wohnmobil, ein Freizeitboot, eine Fischerhütte oder ein Wochenendhäuschen an, die nicht an das Stromnetz angeschlossen sind.

Funktionsweise
Das Solarmodul lädt über den zwischengeschalteten Solarregler die Batterie.
Mit 12 V Gleichspannung versorgt die Batterie:
• drei Lampen: eine Leuchtstoffröhre für die Hauptbeleuchtung sowie eine Energiesparlampe und einen LED-Spot für die punktuelle Beleuchtung
• eine Wasserpumpe zur Versorgung eines Wasserhahns oder einer kleinen Dusche

Die Anlage mit eingeschalteten Verbrauchern

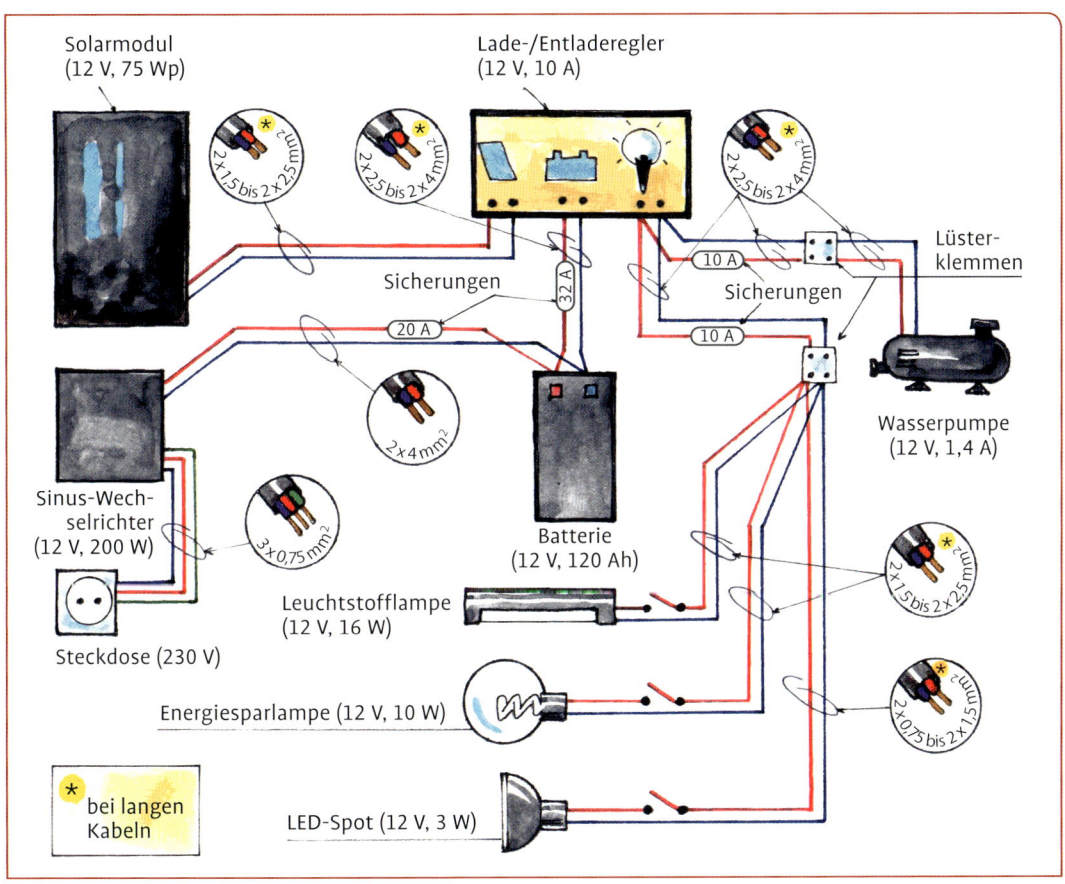

Der direkt an der Batterie betriebene Wechselrichter kann darüber hinaus Geräte mit geringem Stromverbrauch mit 230 V Wechselspannung versorgen (siehe „Lampen" bzw. „Pumpe", Seite 175), sofern die angeschlossenen Geräte die Stromversorgung nicht überlasten!

Schaltschema des kleinen Allzweck-Fotovoltaikgenerators.

Vorteile	Schwachpunkte
autarke Anlage	nur eingeschränkte Stromerzeugung im Winter
Verfügbarkeit von 230 V Wechselstrom	hohe Kosten

Wahl der Bauteile

Modul

Modul mit 75 W_p aus kristallinem Silizium (amorphe Module sind aufgrund der Platzknappheit nicht für das Dach eines Wohnmobils oder ein Bootsdeck geeignet, Seite 14 ff.).

Batterie

Aus Sicherheitsgründen (mobiler Einsatz im Wohnmobil oder Boot) wurde eine Blei-Gel-Batterie gewählt. Sie verfügt über die AGM-Technologie, die eine stärkere Entladung verträgt. Außerdem besitzt sie eine recht hohe Kapazität von 120 Ah. Je nach Bezugsquelle (gebrauchte Batterien?) können Sie auch zwei gleiche mit 60 oder 80 Ah parallel schalten.

Solarregler

Der Solarregler ist intelligent, d. h. mikroprozessorgesteuert (Seite 16). Deshalb optimiert er den Ladevorgang der Batterie und bietet außerdem die Anzeige und Speicherung der Betriebsdaten (Seiten 182 f.). Ein Modell mit 10 A (10 × 12 V = 120 W) passt gut zur Leistung des Solarmoduls.

Wechselrichter

Der Wechselrichter wandelt die 12-V-Gleichspannung der Batterie in eine 230-V-Wechselspannung um, mit der ein Radio, ein kleiner Fernseher oder ein Notebook betrieben werden kann – natürlich auch jedes andere Gerät mit niedriger Leistung, etwa ein Akkuladegerät oder ein kleiner Ventilator.

Es handelt sich hier um einen Sinuswechselrichter, der einen hohen Wirkungsgrad von über 90 % und einen sehr geringen Leerlaufverbrauch (2 W) aufweist. Dabei liegt seine maximale Leistung absichtlich bei 200 W, damit nicht alles Mögliche angeschlossen werden kann – der Strom ist natürlich begrenzt. Er kann direkt mit einem

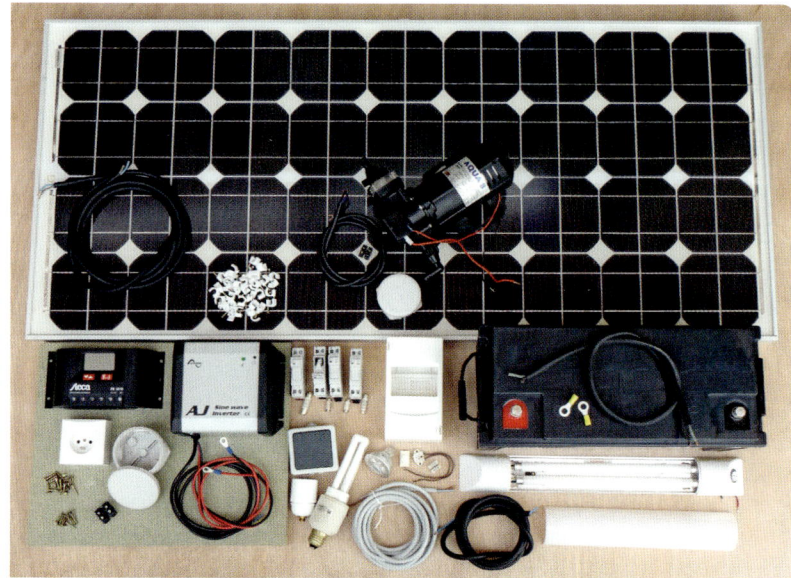

Teileübersicht
der vielseitigen Anlage.

starken Kabel (das nicht verlängert werden darf) an die Batterie angeschlossen werden, da er über eine Schutzschaltung verfügt, die ihn
bei zu geringer Eingangsspannung abschaltet.

   Achtung: Da er nicht am Verbraucherausgang des Reglers angeschlossen ist, kann der Regler seinen Verbrauch auch nicht registrie-
ren, was natürlich die Betriebsdaten, insbesondere den Ladezustand
verfälscht (siehe „Gebrauch", S. 184).

Elektrokabel

Auch hier empfehlen wir wieder ummantelte Kabel, weil die Verkabelung damit einfacher ist (Kabelkanäle oder -rohre sind nicht notwendig). Bei den geringen hier benötigten Leistungen reichen die folgenden Querschnitte für die Stromleitung völlig aus:
- $2 \times 1{,}5$ mm^2 – Modul–Regler, bis zu 5 m Entfernung ($2 \times 2{,}5$ mm^2
  bis zu 8 m, 2×4 mm^2 bis zu 12 m)
- $2 \times 2{,}5$ mm^2 – Batterie–Regler, bis zu 1 m Entfernung (2×4 mm^2
  bis zu 4 m, davon raten wir aber ab)
- $2 \times 0{,}75$–$2{,}5$ mm^2 – Schalttafel–Lampen (je nach Lampen und
  Länge des Kabels)

Lampen

Es sind die Gleichen wie für den 12-V-Minigenerator, außer dass
- die Leuchtstofflampe (Hauptbeleuchtung) 2 Röhren enthält, d. h.
  also 16 W anstatt 8 W,
- eine Energiesparlampe mit 10 W als Stimmungsbeleuchtung hinzugefügt wurde

Eine andere Lösung wäre, die Beleuchtung mit 230 V über den Wechselrichter vorzunehmen. Es ist jedoch günstiger, bei der niedrigen
Gleichspannung zu bleiben, um
- den Leistungsverlust des Wechselrichters zu vermeiden,
- die Gefahr eines Stromschlags und
- die elektromagnetische Belastung (Elektrosmog) zu verringern.

Pumpe

Ansaug-und-Förder-Pumpe – es ist die gleiche Pumpe wie für die Solarpumpe (Seiten 58 und 66).

Material

1 Solarmodul mit 75 W$_p$
1 Lade-/Entladeregler 10 A, mikroprozessorgesteuert
1 Blei-Gel-Batterie 12 V, 120 Ah
1 Sinuswechselrichter 12/230 V, 200 W
1 Ansaug-und-Förder-Pumpe 12 V, 1,4 A
1 Leuchtstofflampe 12 V, 16 W

1 Energiesparlampe 12 V, 10 W mit Fassung E 27
1 LED-Spot 12 V, 3 W mit Keramikfassung, Sockel G5.3
1 m ummanteltes Elektrokabel $2 \times 2{,}5$ mm² (2×4 mm², wenn die
  Batterie vom Regler einige Meter entfernt ist)
gummiummanteltes Elektrokabel $2 \times 1{,}5$–4 mm² (Länge je nach Abstand zwischen Solarmodul und Regler)
ummanteltes Elektrokabel $2 \times 0{,}75$–2,5 mm² (Länge je nach Abstand
  zwischen Regler und Pumpe beziehungsweise Lampen)
ummanteltes Elektrokabel 3×1 mm² (Länge je nach Abstand zwischen Wechselrichter und Steckdose)
kleinere und größere Lüsterklemmen
4 Einbausicherungen (2 zu 10 A, 1 zu 20 A und 1 zu 32 A) mit passenden Sicherungseinsätzen
1 Gehäuse für 4 Sicherungen
1 Wandsteckdose 230 V
1 Zug- oder Druckschalter
1 Wandschalter
2 Verteilerdosen (1 kleine und 1 mittelgroße)
2 Ringkabelschuhe (Lochdurchmesser: 6 mm)
1 Holzbrett (Stärke 15–20 mm): 32×40 cm
16 Holzschrauben 4×20 mm
Kabelschellen mit Durchmesser 10 mm (Anzahl je nach Länge des Kabels) oder Heißklebstoff.

Werkzeug
Akkuschrauber und Bits
Holzbohrer 5 und 10 mm
Hammer
einfaches Elektrowerkzeug (Seite 32)

Bauanleitung
Wir wollen eine elektrische Schalttafel bauen, die professionellen
Ansprüchen genügt und dem Fotovoltaikgenerator einen sicheren
und zuverlässigen Betrieb ermöglicht. Genauso wie bei der 12-V-
Version (Seite 110) beinhaltet sie Bauteile zur Steuerung (Regler)
und Sicherheit (Sicherungen), einen Wechselrichter, eine 230-V-
Steckdose und eine Verteilerdose (für die drei Lampenstromkreise).
Passen Sie diese Bauanleitung ggf. auf Ihren Regler und Wechsel-
richter an.

Anbringen der Bauteile an der Schalttafel
1 Bohren Sie mit dem 5-mm-Bohrer vier Löcher in die Ecken des
   Bretts zur späteren Befestigung an der Wand.
2 Positionieren Sie die Bauteile darauf und schrauben Sie sie mit
   den Schrauben 4×20 mm fest.

Schneiden Sie die vier Kabeleinführungsabdichtungen der mittel-
großen Verteilerdose auf. Bohren Sie mit dem 10-mm-Bohrer folgende Löcher:

3 unterhalb der Klemmenleiste des Reglers

4 um die Verteilerdose herum

8 (4 oben und 4 unten) durch das Gehäuse für die Sicherungen

1 durch das Gehäuse der Steckdose

1 bei den Kabeln des Wechselrichters

3   Stecken Sie die Sicherungen auf die Gehäuseschiene auf, von links
    nach rechts:

    20 A (12-V-Eingang zum Wechselrichter)

    32 A (Batterie, zugleich Trennschalter)

    10 A (Lampenstromkreise)

    10 A (Pumpe)

4   Schieben Sie von der Rückseite der Schalttafel das Modulkabel
    (2 × 1,5–2,5 mm²) durch die Löcher unterhalb des Eingangs „Mo-
    dul" am Regler und schließen Sie es an den Klemmen an.

5   Schieben Sie von der Rückseite der Schalttafel 20 cm des Kabels
    2 × 2,5 mm² durch das Loch unterhalb des Eingangs „Akku" am
    Regler und schließen Sie es an den Klemmen an. Schieben Sie das
    andere Ende durch das Loch unterhalb der 32-A-Sicherung und
    verbinden Sie die blaue Ader mit dem Neutralleitereingang (N).

1, 2 und 3

5 und 6

6 Schieben Sie von der Rückseite der Schalttafel 20 cm des Kabels
   $2 \times 2,5$ mm² durch das Loch unterhalb des Eingangs „Verbraucher" am Regler und schließen Sie es an den Klemmen an. Schieben Sie das andere Ende durch das Loch unterhalb einer der beiden 10-A-Sicherungen (Lampenstromkreis). Schließen Sie beide
   Adern (blau auf Neutralleiter) an den Sicherungsklemmen an.
   Führen Sie zugleich zwei Kabelbrücken von 5 cm Länge (eine
   blaue und eine braune oder schwarze) zur zweiten 10-A-Siche-
   rung (Pumpe) weiter.

7 Kürzen Sie das 1 m lange 12-V-Eingangskabel zum Wechselrichter
   (2×4 mm²) auf 40 cm und führen Sie es, zusammen mit dem
   230-V-Ausgangskabel (3×1 mm²) durch das entsprechende Loch.
   Schieben Sie von der Rückseite der Schalttafel das Kabel
   2×4 mm² durch das Loch unterhalb der 20-A-Sicherung, die zu-

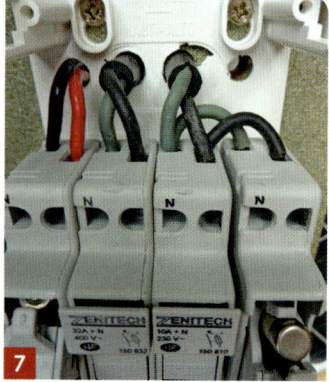

7

Die vier Sicherungen, von oben
betrachtet. Die Eingänge (von
links nach rechts): Wechselrichter, Batterie, Lampen, Pumpe.

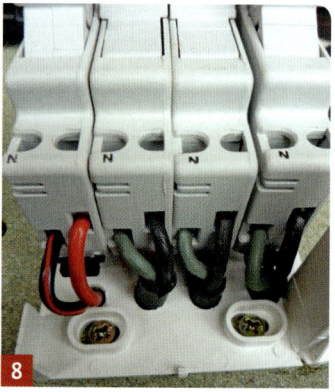

8

Die Sicherungen, von unten betrachtet: die Ausgänge in derselben Reihenfolge.

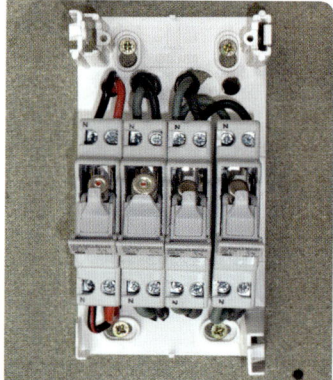

Gesamtansicht der Sicherungs-
anschlüsse.

gleich den Wechselrichter vom restlichen Stromkreis trennt, und schließen Sie es an den Klemmen an.

8 Schließen Sie auf der anderen Seite der Sicherungen die passenden Kabel an. Von links nach rechts:

An der 20-A-Sicherung führen Sie den restlichen Abschnitt des Kabels 2 × 4 mm² (60 cm Länge, mit Ringkabelschuhen) vom Wechselrichter durch das entsprechende Loch und schließen es an.

An der 32-A-Sicherung führen Sie den restlichen Abschnitt des Batteriekabels 2 × 2,5 mm² (80 cm Länge) durch das entsprechende Loch und schließen es an. Befestigen Sie je einen Ringkabelschuh an den beiden Adern am anderen Ende.

Schließen Sie an der ersten 10-A-Sicherung ein 30 cm langes Stück Kabel 2 × 2,5 mm² an und schieben es durch das entsprechende Loch. Das andere Ende schieben Sie durch eines der vier Löcher bei der Verteilerdose und in die Dose hinein. Verbinden Sie es dort mit der großen Lüsterklemme, die zu den drei Lampenstromkreisen führt.

Schließen Sie an der zweiten 10-A-Sicherung das Kabel 2 × 1,5 mm² (Pumpe) an und führen Sie es durch das entsprechende Loch. Das andere Ende schieben Sie durch die vorgeschnittene Durchführungsöffnung in die kleine Verteilerdose und schließen die Adern an der kleinen Lüsterklemme an. Schieben Sie die Plus- und Minusader von der Pumpe durch die andere Durchführungsöffnung und schließen Sie sie an der Lüsterklemme an.

9 Schieben Sie das 230-V-Kabel durch das Loch bei der Steckdose und schließen Sie die drei Adern an (Phase = braun, Neutralleiter = blau, Schutzleiter = gelb-grün).

10 Schließen Sie an der großen Lüsterklemme der Schalttafel-Verteilerdose die drei Kabel der Lampenstromkreise nun parallel an (blaue Adern zusammen und rote oder braune Adern zusammen) und schieben Sie sie durch die drei restlichen Öffnungen.

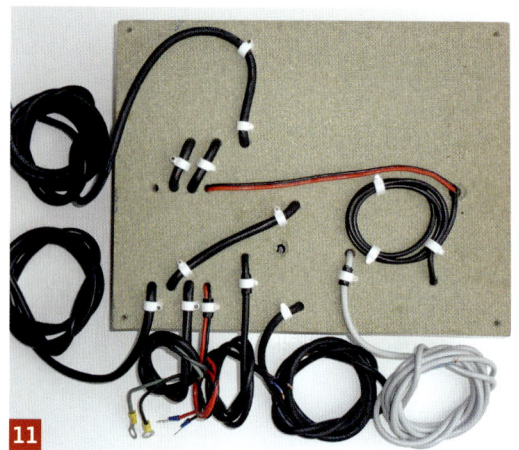

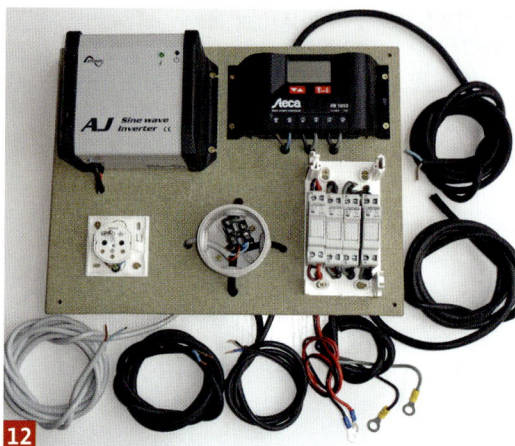

11 Fixieren Sie die Kabel auf der Rückseite der Schalttafel mit Kabel-klemmen.

12 Schließen Sie nun die Abdeckungen der Steckdose, der Verteiler-dose und des Sicherungsgehäuses. Beschriften Sie die Sicherun-gen mit Klebeetiketten: Wechselrichter, Batterie, Lampen, Pumpe. Damit ist die Verdrahtung der Schalttafel fertig und die Verbrau-cher können nun angeschlossen werden.

Anschluss der Kabel an die Batterie, das Modul, die Pumpe und die Lampen zur Funktionsüberprüfung des Generators

13 Schalten Sie die Sicherungen ab.

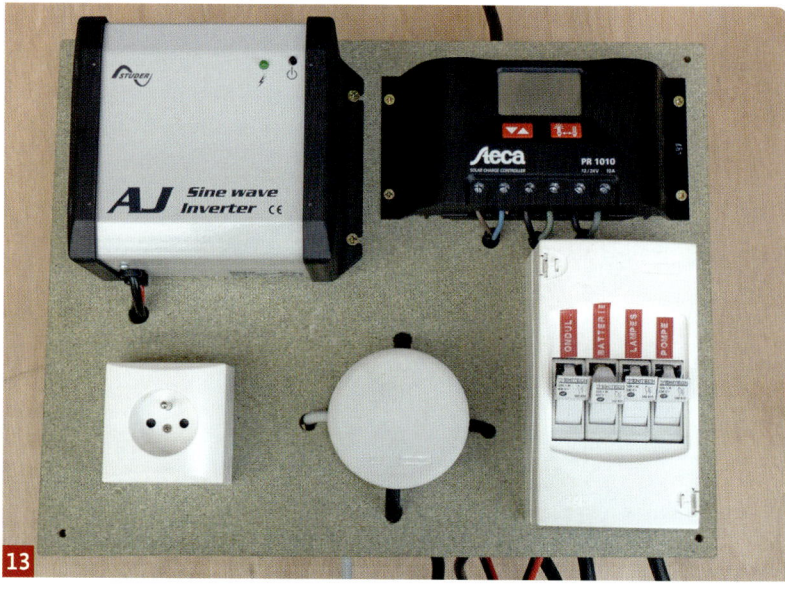

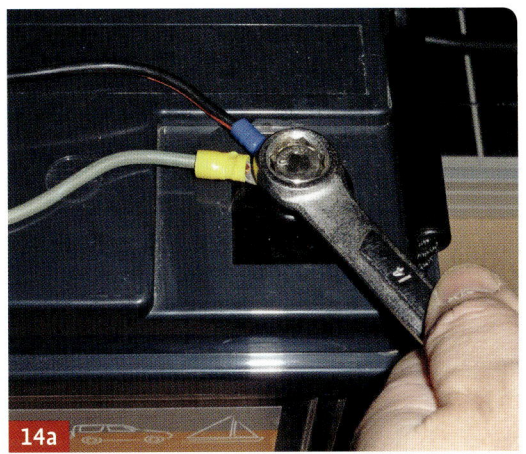

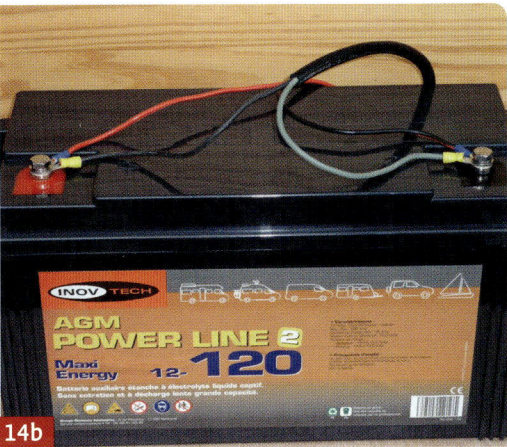

14 Stecken Sie die Ringkabelschuhe des Batterie- und des Wechsel-
richterkabels auf die Anschlussschrauben der Batterie. Stecken Sie
die Unterlegscheiben auf und ziehen Sie die Muttern mit dem
14er Schlüssel fest. Isolieren Sie die Anschlussschrauben gegen
Kurzschluss mit mehreren Lagen Isolierband, und zwar rot für den
Plus- und schwarz für den Minuspol.

15 Schieben Sie die Adern des Pumpenkabels in die kleine Verteilerdose und schließen Sie sie an der Lüsterklemme an. Schließen Sie
die Abdeckung.

16 Schließen Sie die Lampen an die jeweiligen von der Schalttafel
kommenden Kabel an:
die Leuchtstofflampe direkt, da sie einen Schalter besitzt
die Fassung der Energiesparlampe über einen Wandschalter
den Sockel des LED-Spots über einen Druck- oder Zugschalter

17 Prüfen Sie nochmals die Polarität aller Anschlüsse. Stellen Sie sicher, dass sich die Sicherungseinsätze in den richtigen Sicherungen befinden.

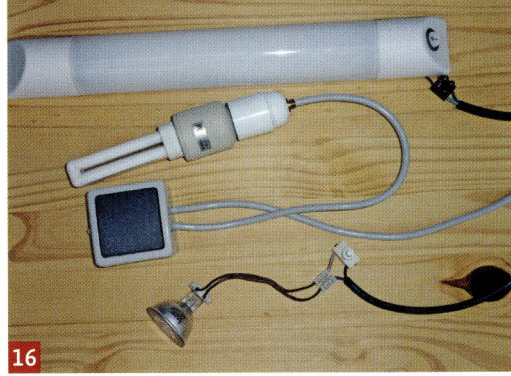

18 Schalten Sie nacheinander die Sicherungen ein. Beginnen Sie mit der Batteriesicherung.

19 Normalerweise sollte der Generator jetzt funktionieren und Folgendes sollte möglich sein:
Einschalten der Lampen
Testlauf der Pumpe (nur kurz, da sie ja ohne Last läuft)
Funktion eines 230-V-Geräts an der Steckdose des Wechselrichters

Funktion

20 Stellen Sie das Modul in die Sonne.

21 Prüfen Sie die Funktion des Generators am Regler. Nach jedem Druck auf den linken Knopf zeigt die Digitalanzeige eine andere Betriebsgröße:

a den Ladezustand (SOC = State of Charge) der Batterie in Prozent

b die Batteriespannung in Volt

c den Strom vom Modul zum Regler in A

d den Batterieladestrom in A (geringer als der zuvor genannte Strom gegen Ende des Batterieladezyklus)

e den Strom von der Batterie zu den Verbrauchern in A

f die erzeugte Energie in Ah

g die verbrauchte Energie in Ah

Die beiden zuletzt genannten Werte stellen kumulierte Werte seit der letzten Reglerrückstellung auf null dar. Sie erlauben somit, über die Energieerzeugung des Generators Buch zu führen, zum Beispiel über eine Dauer von 24 Stunden.

21d

21e

21f

21g

Die klare Symbolik des Reglers ist dabei praktisch und aufschluss-reich. Die Speicherung der Daten hingegen gibt einem ein Gefühl der Sicherheit.

Einsatz

Der Einsatz dieses Fotovoltaikgenerators hängt vom Verwendungs-zweck ab. Auf den folgenden Seiten werden drei Einsatzbeispiele gegeben; in jedem Fall müssen Sie jedoch auf die folgenden Dinge achten:

• gute Befestigung des Moduls und optimale Position in der Sonne; dies ist nicht immer einfach, besonders bei einer mobilen Verwen-dung
• Standort beziehungsweise Befestigung der Batterie sowie die not-wendigen Sicherheitsvorkehrungen, abhängig vom Batterietyp und dem Standort: Wanne oder Gehäusekasten, Belüftung usw.
• Befestigung der Schalttafel so nahe wie möglich an der Batterie zur Vermeidung von Energieverlusten im Kabel
• Befestigung der Lampen je nach geplanter Verwendung
• Platzierung der mit dem Wechselrichter verbundenen Steckdose(n)
• Befestigung der Kabel mit Kabelschellen oder Heißklebstoff

Gebrauch

Sie werden sich innerhalb von ein paar Tagen an den Solarregler gewöhnen. Der Regler ist praktisch das Herz des Systems: Sie sehen den Systemzustand auf einen Blick, insbesondere die beiden wichti-gen Parameter Spannung und Ladezustand der Batterie. Bei Bedarf können Sie die anderen Betriebsparameter natürlich ebenfalls abru-fen, wie oben beschrieben. Im Vergleich mit dem 12-V-Solargenerator bietet der Wechselrichter mehr Flexibilität, muss aber sparsam ver-wendet werden.

Wichtig: Aufgrund der möglichen Risiken der 230-V-Spannung muss dieser elektrische Schaltkreis mit einer Erdleitung und einem 30-mA-FI-Schutzschalter abgesichert werden. Das hängt aber auch vom Wechselrichter ab – lesen Sie die Gebrauchsanleitung. Sie sollten in jedem Fall die nötigen Sicherheitsvorkehrungen treffen.

Bei Störungen an diesem System (Kurzschluss, Überhitzung der Ka-bel oder Geräte) wirkt die Batteriesicherung wie ein Trennschalter und schaltet die Stromversorgung ab.

Bei überhöhtem Verbrauch schaltet der Regler die Versorgung ab, genauso wie der gegen starken Spannungsabfall abgesicherte Wech-selrichter. Wenn Sie den Ladezustand der Batterie (der nicht ganz stimmt, weil der Wechselrichter ja direkt an der Batterie angeschlos-sen ist) sowie die Batteriespannung im Auge behalten, werden Sie von solchen Vorfällen kaum überrascht werden. Bei 11,5 V sollten Sie unbedingt unwichtige Verbraucher abschalten.

Autarker Betrieb

Je nach Jahreszeit erzeugt dieser Generator 200 bis 500 Wh (Mittelwert ca. 0,35 kWh) an einem sonnigen Tag. Dies entspricht etwa 130 kWh Strom pro Jahr, abhängig von der geografischen Lage. Unter Verwendung der in der Batterie gespeicherten Energie (0,7 kWh, bei 50%iger Entladung) und einem täglichen Verbrauch von beispielsweise

- 3 Stunden Beleuchtung: 29 W $\times$ 3 h $\approx$ 90 Wh
- 20 Minuten Pumpen: 17 W $\times$ 0,3 h $\approx$ 5 Wh
- 3 Stunden Fernsehen oder Notebook (30 W): 30 $\times$ 3 = 90 Wh

also insgesamt 185 Wh (0,185 kWh). Damit verfügen Sie über fast vier Tage autarken Betrieb ohne Sonnenschein.

Wichtig: Versuchen Sie soweit wie möglich, Verbraucher wie die Pumpe, den Rechner oder das Akkuladegerät während der Sonnenstunden zu betreiben und nicht abends. So können Sie den erzeugten Strom direkt verbrauchen, ohne ihn in der Batterie mit einem Verlust von 20 % zwischenzuspeichern.

Wenn Sie einmal nachrechnen (Kasten), werden Sie feststellen, dass eine fotovoltaisch erzeugte Kilowattstunde (noch) recht teuer ist. Das kommt einerseits vom hohen Preis der Module und andererseits von der Batterie, die auch teuer ist. Dies ist ein weiterer Grund, ein solches System sehr knapp zu kalkulieren und keinen Strom zu verschwenden!

INFO

Kosten

Solarmodul: 220 bis 400 €

Batterie: 270 bis 400 €

Regler: 70 bis 100 €

Wechselrichter: 200 bis 250 €

Lampen: 50 bis 60 €

Elektrisches Zubehör: 100 bis 150 € (je nach Kabellängen)

Gesamtpreis also ca. 910 bis 1360 €.

Verwenden Sie zur Kostensenkung die klassischen Lösungen (Seite 45).

Strom im Ferienhäuschen

Schwierigkeitsgrad: Mittel. Zeitaufwand: $1/2$ Tag (zusätzlich zur Montage des Generators selbst).

Dies ist eine klassische Verwendung unseres kleinen Allzweck-Fotovoltaikgenerators. Er versorgt ein Ferienhäuschen am Meer. Dort ist die Grundversion des vorgestellten Solargenerators (Seite 172 ff.) ohne jegliche Änderung eingebaut. Mit kleinen Anpassungen kann dieses System auch für eine Fischerhütte, eine Berghütte usw. verwendet werden.

Anbringen der Bauteile

Modul

Aufgrund seines geringen Gewichts (8 kg) wird das Modul einfach auf der südlichen Dachschräge angebracht. Mit vier Aluwinkeln wird es am Dach befestigt. Die Winkel werden ihrerseits durch die Teerdachschindeln hindurch an den Sparren angeschraubt. Zuvor die Löcher vorbohren und mit Silikon abdichten. Bei Ziegel-, Schiefer- oder Holzdächern können vier Metallklammern zwischen den jeweiligen Schindeln durchgeschoben und an den Dachlatten befestigt werden.

Das Modulkabel läuft über das Dach und wird an einer Seite des Häuschens nach innen geführt. Dabei führt man eine Schleife aus, so dass das Wasser abtropfen kann. Eine schönere Lösung ist es, das Kabel durch eine spezielle Durchführungsöffnung durch das Dach zu führen (Bild Seite 194). Bei Ziegeldächern führt eine solche Öffnung zwischen zwei Ziegeln hindurch.

In Gewittergebieten empfehlen manche Experten, den Modulrahmen zu erden – dies ist jedoch umstritten.

Links: Das Modul wird an der südlichen Dachschräge befestigt.

Mitte und rechts: Der Innenraum des Häuschens.

Schalttafel

Sie wird an einer Holzwand in der Nähe des Moduls (3 m Kabellänge) und der Batterie (1 m) befestigt.

Batterie

Die Batterie wird einfach auf den Boden gestellt. Sie ist völlig dicht
und benötigt weder eine Belüftung noch eine Wanne (kein Auslaufen
von Säure möglich).

Die Winkel werden
durch die Teerschindeln
an den Sparren festge-
schraubt.

Unten:
Schaltschema des
Ferienhäuschens.

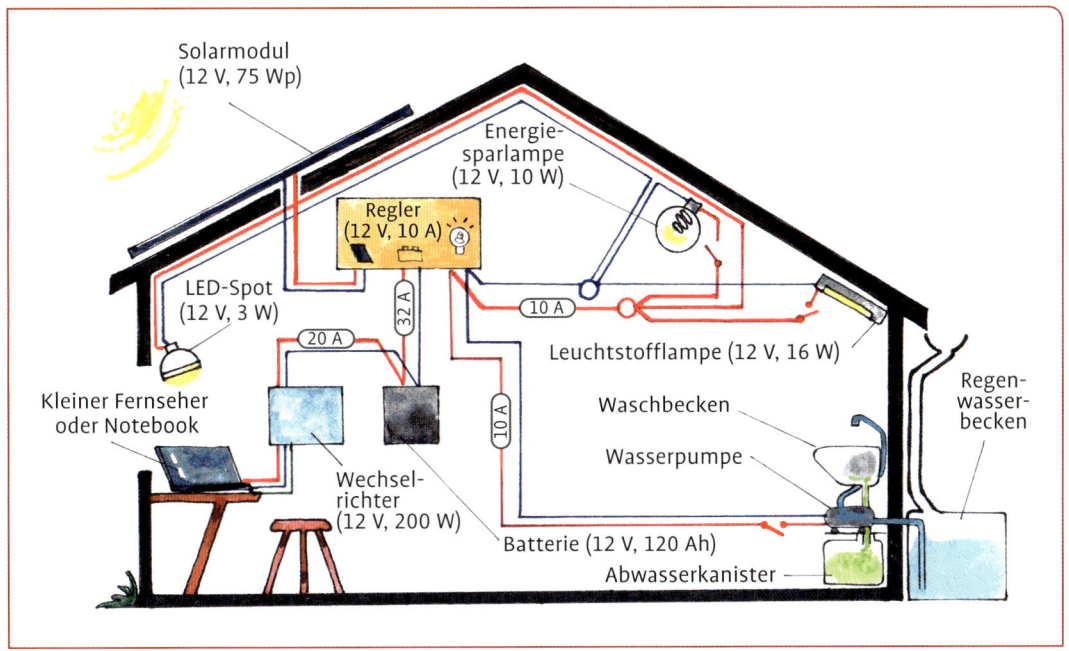

Links: Die Schalttafel. In der 230-V-Steckdose sind der Notebook-Trafo (an der Wand hängend) und ein Akkuladegerät eingesteckt.

Rechts: Die Batterie, auf dem Boden unterhalb der Schalttafel.

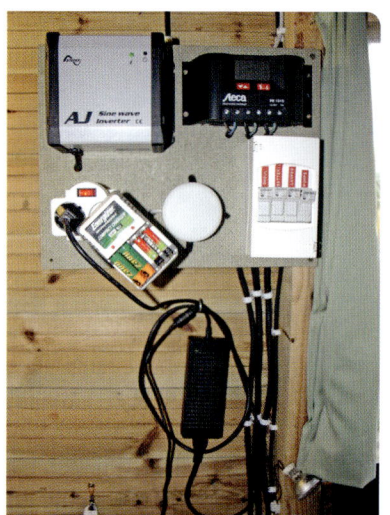

Wasserpumpe

Sie ist an der Wand angeschraubt und versorgt ein Waschbecken mit Wasser aus einem Regenwasserbehälter außerhalb der Hütte. Das Abwasser wird in einem 20-l-Kanister aufgefangen. Dank des geringen Kalkgehalts des Wassers und der verwendeten umweltfreundlichen Seife ist es nur sehr schwach verschmutzt und kann noch zum Gießen der Blumenbeete und Sträucher verwendet werden. Der Schalter für die Pumpe befindet sich im Wasserhahn (Boot- oder Wohnmobilzubehör).

Lampen

Die Energiesparlampe sowie der zugehörige Schalter sind am Türrahmen befestigt und sorgen für die Hauptbeleuchtung. Die Leuchtstofflampe sorgt in der Waschecke für Licht.

Der LED-Spot ist 40 cm über dem Tisch angebracht und beleuchtet die Leseecke.

Verkabelung

Die Kabel werden mit Kabelschellen befestigt.

Wechselrichter

Über die 230-V-Steckdose an der Schalttafel versorgt er:
• ein Notebook (40 W Leistung), das auch als DVD-Kino verwendet wird
• ein Akkuladegerät

Links: Das Waschbecken wird durch die Ansaug- und-Förder-Pumpe mit Regenwasser versorgt. Das Abwasser wird im Kanister aufgefangen.

Rechts: Der grüne Schlauch links (Ansaugseite) kommt vom Regenwasserbehälter. Der durchsichtige Schlauch rechts führt zum Wasserhahn. Die weißen Adern oben rechts führen vom Schalter im Wasserhahn zur Lüsterklemme in der Verteilerdose.

Links: Die Leuchtstofflampe in der Waschecke.

Links: Die Energiesparlampe sorgt für Licht am Eingang.

Rechts: Die Fassung des LED-Spots und die Lüsterklemme sind am Holzbalken festgeschraubt. Darunter: der Drucktaster, den man besser durch einen regulären Schalter ersetzt.

Autarke Stromversorgung im Wohnmobil

Schwierigkeitsgrad: Mittel. Zeitaufwand: 3 Tage.

Wenn das Wohnmobil wenig gefahren wird, lädt sich die Zusatzbatterie (die die elektrischen Geräte an Bord versorgt) durch die Lichtmaschine nicht genügend auf. Deshalb muss man auf eine externe Stromquelle zurückgreifen, was jedoch mit Nachteilen verbunden ist. Ein Fotovoltaikgenerator erhöht die Unabhängigkeit von anderen Stromquellen deutlich. Diese Lösungen erfreuen sich zunehmender Beliebtheit und werden meist direkt von den Wohnmobilhändlern oder spezialisierten Firmen installiert. Unter Beachtung einiger Vorsichtsmaßnahmen können Sie einen solchen Anbau selbst durchführen. Viele Heimwerker bauen auch selbst einen Kleinbus zum Wohnmobil um.
Die hier vorgestellte Lösung richtet sich besonders an sie. Sie spiegelt die Solaraufrüstung des Wohnmobils des Autors wider und ist einfach nachzubauen. Mit einigen Anpassungen kann dieses System auch für ein Hobby-Segelboot verwendet werden.

Das Solarmodul auf dem Dach des Wohnmobils. Am Eingang rechts die Schalttafel.

Anbringen der Bauteile

Im Vergleich mit der Basisversion des Generators (Seite 172) gibt es ein paar Unterschiede (Modul, Regler, Batterie, Pumpe) und einige zusätzliche Bauteile (Kühlschrank, Belüftung, Lampen, Steckdosen).

Links: Kunststoffwinkel zum Aufkleben auf dem Dach.

Modul

Das Modul kann mit einer Leistung von 120 W_p einen höheren Stromverbrauch abdecken. Es liegt flach auf dem Dach auf und wird von vier Kunststoffwinkeln gehalten, die mit starkem Klebstoff (Typ Sikaflex®) am Dach angebracht sind. Das Elektrokabel geht durch das Dach, wobei eine spezielle Kabeldurchführung für einen dichten Abschluss sorgt.

Rechts: Das Solarmodul wird mit den Kunststoffwinkeln verschraubt.

Regler

Dieses 15-A-Modell mit separatem Display kann auch die Starterbatterie überwachen und misst den Eingangs- und Ausgangsstrom.

Verkabelung

Die ummantelten Kabel sind zum größten Teil in die Innenwände integriert. Der Querschnitt der Kabel reicht von 2,5 mm² (Lampen- und Pumpenkreis) über 4 mm² (Modul) bis zu 6−10 mm² (Batterie).

Vorteile	Schwachpunkte
autarke Stromversorgung	eine Batterie ist nach wie vor notwendig
seltenere Aufladung der Batterie über den Motor oder eine externe Stromquelle	

Das Schaltschema für die Stromversorgung des Wohnwagens.
Die Zusatzbatterie, der Regler, die Batteriesicherung, der Wechselrichter, der 30-mA-FI-Schutzschalter und alle Sicherungen sind an der Schalttafel zusammengeführt (am Schiebetür-Eingang rechts, Foto Seite 190). Man kann auf der Zeichnung die folgenden Elemente gut erkennen:
die 12-V-Gleichstromkreise oben (Lampen, Wasserpumpen, Belüftung)
den 230-V-Wechselstromkreis unten (drei Steckdosen).

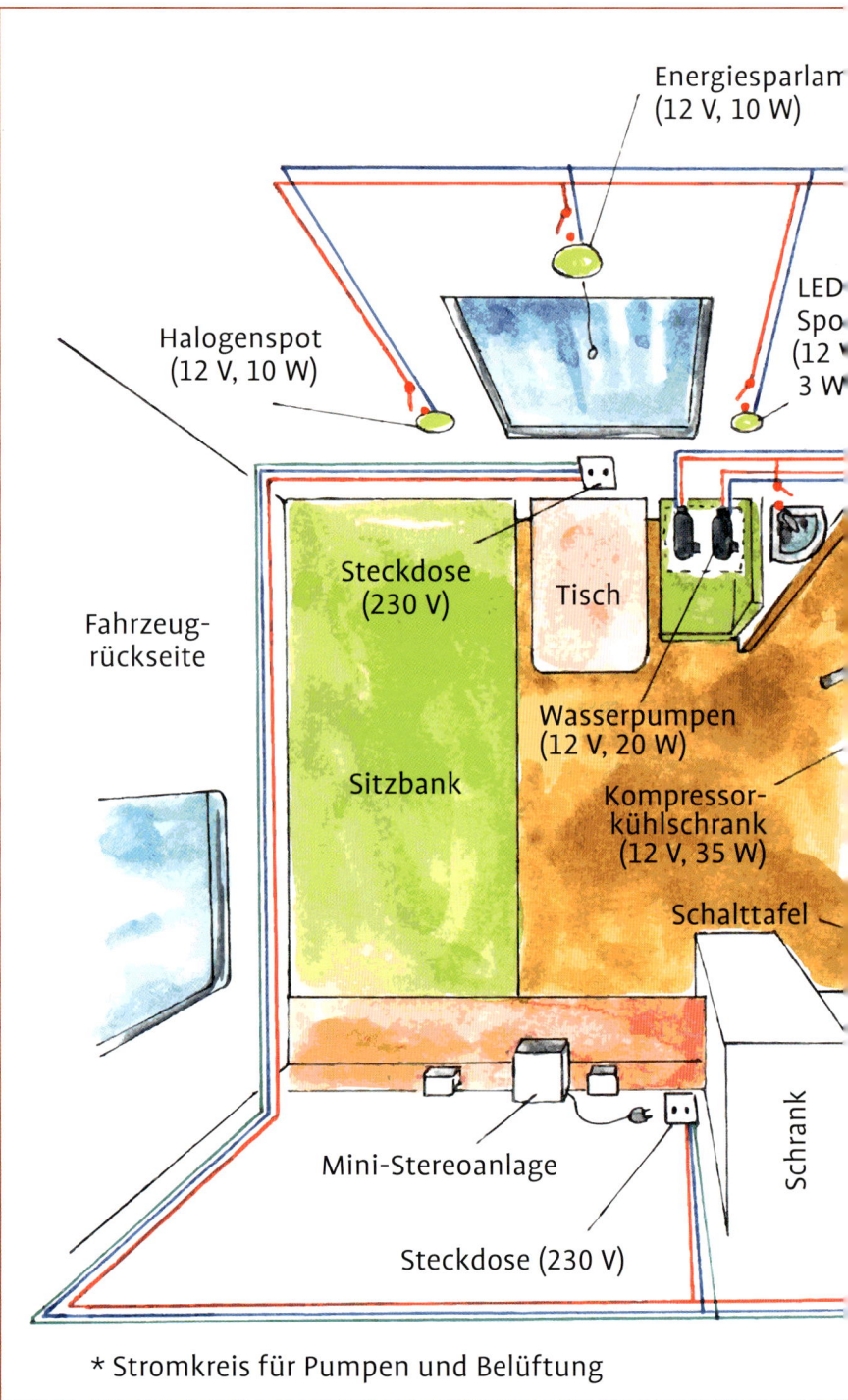

Energiesparlam
(12 V, 10 W)

LED
Spo
(12 V
3 W

Halogenspot
(12 V, 10 W)

Steckdose
(230 V)

Tisch

Fahrzeug-
rückseite

Sitzbank

Wasserpumpen
(12 V, 20 W)

Kompressor-
kühlschrank
(12 V, 35 W)

Schalttafel

Mini-Stereoanlage

Schrank

Steckdose (230 V)

* Stromkreis für Pumpen und Belüftung

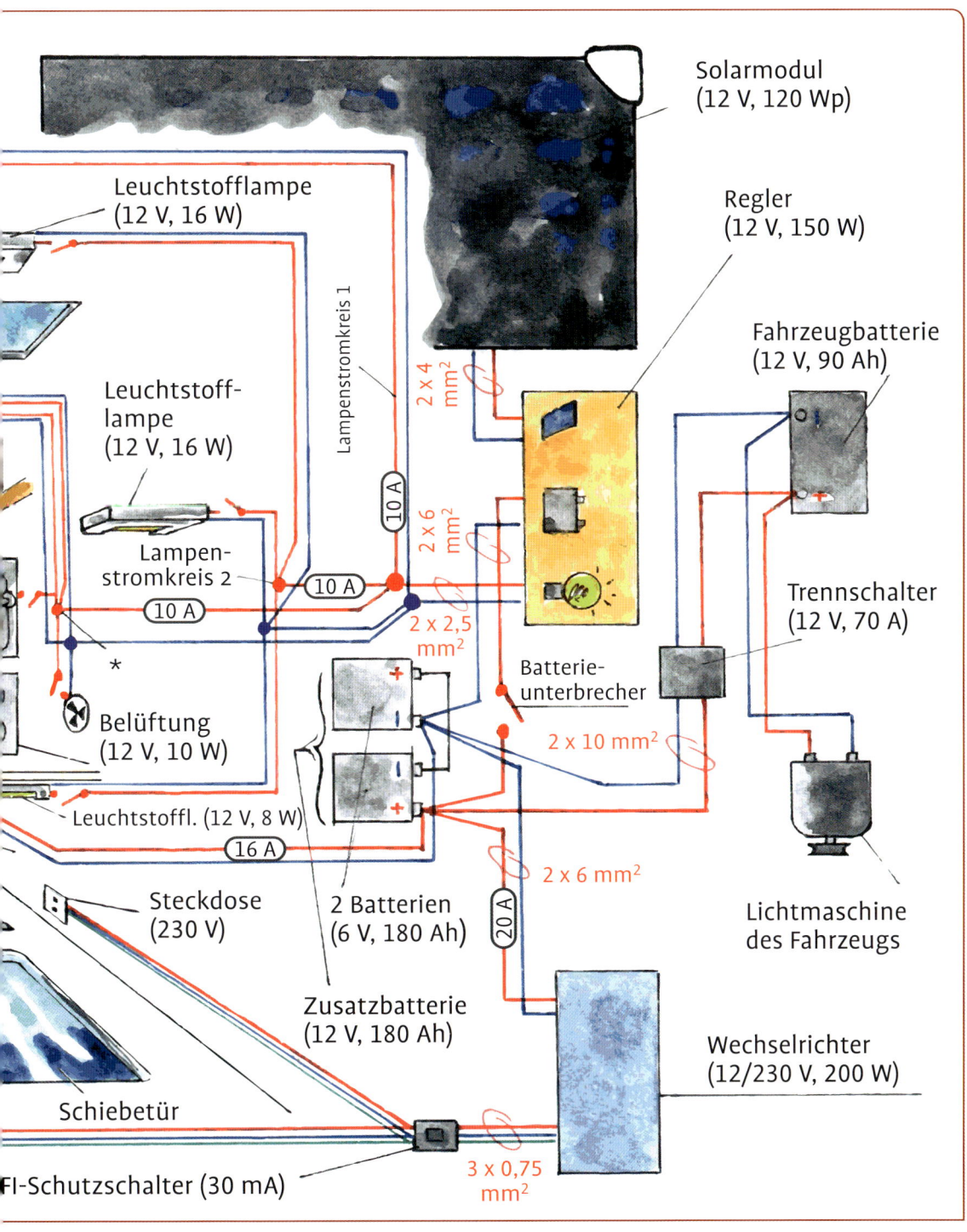

Solarmodul
(12 V, 120 Wp)

Leuchtstofflampe
(12 V, 16 W)

Lampenstromkreis 1

Regler
(12 V, 150 W)

Fahrzeugbatterie
(12 V, 90 Ah)

Leuchtstoff-
lampe
(12 V, 16 W)

2 x 4 mm²

10 A

2 x 6 mm²

Lampen-
stromkreis 2

10 A

10 A

Trennschalter
(12 V, 70 A)

10 A

2 x 2,5 mm²

*

Belüftung
(12 V, 10 W)

Batterie-
unterbrecher

2 x 10 mm²

Leuchtstoffl. (12 V, 8 W)

16 A

2 x 6 mm²

Steckdose
(230 V)

2 Batterien
(6 V, 180 Ah)

20 A

Lichtmaschine
des Fahrzeugs

Zusatzbatterie
(12 V, 180 Ah)

Wechselrichter
(12/230 V, 200 W)

Schiebetür

FI-Schutzschalter (30 mA)

3 x 0,75 mm²

Links: Die Elektrokabel beim Einbau hinter die Innenwände.

Rechts: Kabeldurchführungen aus Kunststoff und Metall.

Elektrische Verkabelung des Wohnmobils

Der Schaltplan für die Stromversorgung des Wohnwagens.
Die Zusatzbatterie, der Regler, die Batteriesicherung, der Wechselrichter, der 30-mA-FI-Schutzschalter und alle Sicherungen sind an der Schalttafel zusammengeführt (am Schiebetür-Eingang rechts, Seite 190).
Man kann hier gut die folgenden Elemente erkennen:
die 12-V-Gleichstromkreise oben (Lampen, Wasserpumpen, Belüftung),
den 230-V-Wechselstromkreis unten (drei Steckdosen).

Schalttafel
Da sie am Eingang des Kleinbusses angebracht wurde, ist sie sehr gut zugänglich. Sie beinhaltet einige nicht unbedingt notwendige, aber doch praktische Elemente:
1 Batterieunterbrecher mit Schlüssel
1 LED-Voltmeter (Spannungsanzeige der Fahrzeug- und Zusatzbatterie)
2 Amperemeter (für den 12-V-Stromkreis des Wechselrichters sowie den 230-V-Stromkreis)
1 30-mA-FI-Schutzschalter für den Wechselrichter, der mit der Masse des Kleinbusses verbunden ist (Schutz vor Stromschlag)

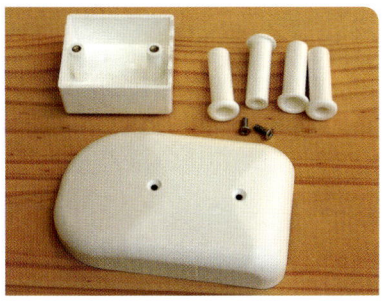

Links: Dichtes System
zur Dachdurchführung
von bis zu vier Kabeln.

Rechts: Die Verkabelung
der Leuchtstofflampe.

Unten: Die Schalttafel,
von oben nach unten:
12-V-Steckdose (Typ
Zigarettenanzünder),
Batterieunterbrecher,
Belüftung, die beiden
Voltmeter (Fahrzeug-
und Zusatzbatterie),
Solarregler und Display,
12-V-Anschluss (Laut-
sprecher-Klemmkon-
takte), Sicherungsge-
häuse, 230-V-Steckdose,
zwei Amperemeter,
Wechselrichter.

je 1 Steckdose vom Typ Zigarettenanzünder beziehungsweise Laut-
sprecherkabelklemmen, zum Anschluss verschiedener 12-V-Geräte.

Das große Gehäuse schließlich beinhaltet (außer dem FI-Schutzschalter) die Sicherungen mit Schmelzeinsätzen für die folgenden Strom-
kreise:
Wechselrichter: 20 A
Kühlschrank: 16 A
2 Lampenkreise: 2 × 10 A
Pumpe/Belüftung: 10 A
manueller Trennschalter für die Batterien: 32 A (Seite 199)

Batterie
Sie besteht aus zwei gebrauchten, hintereinander geschalteten Blei-
Gel-Batterien mit je 6 V Spannung und verfügt über eine Kapazität
von 180 Ah. Sie ist auslaufgeschützt (dicht) und steht auf dem Boden, wo sie mit Holzleisten gesichert wurde.

Wasserpumpen
Wir haben uns für zwei 20-W-Tauchpumpen (eine pro Entnahme-
punkt) entschieden, die einfach in den Frischwasserbehälter einge-
taucht wurden. Heute würden wir sie durch eine einzige Ansaug-und-
Förder-Pumpe ersetzen, die zwar teurer, aber auch hochwertiger ist.

12-V-Kühlschrank
Es handelt sich hier um ein Kompressormodell mit 46 Liter Inhalt.
Mit einer Leistungsaufnahme von 35 W und sechs Stunden Betrieb
verbraucht er 210 Wh pro Tag – obwohl er klein ist, verbraucht er
ein Drittel des erzeugten Solarstroms! Durch Ankleben von 5 cm
Isolationsmaterial auf allen unsichtbaren Seiten konnten wir seinen
Verbrauch um 20 % senken.
   Kühlschränke nach dem Absorptionskälteprinzip verbieten sich
hier, weil sie bis zu 10-mal mehr Energie verbrauchen! Man könnte
auch einen deutlich günstigeren 230-V-Kühlschrank verwenden.
Allerdings findet man keine unter 100 Liter Inhalt.

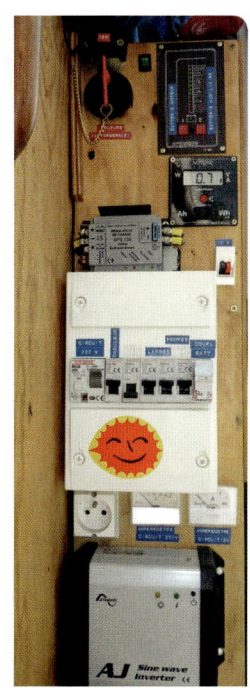

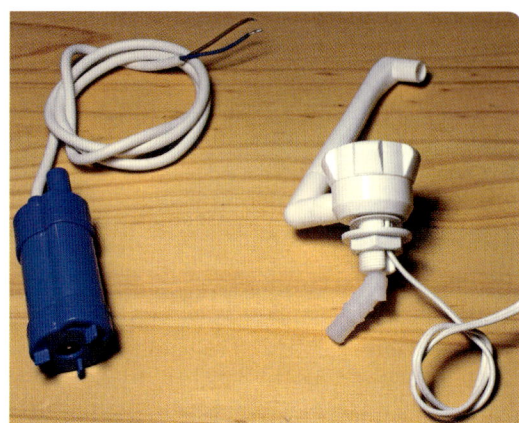

Links: Einbau des Kühl-
schranks und der Batte-
rien.

Rechts: Tauchpumpe
und Wasserhahn mit
Kontaktgeber und An-
schlusskabel.

Links: Anschluss des
Wasserhahns mit Kon-
taktgeber und Kühl-
schrankkompressor.

Rechts: Batterien ohne
Schutzabdeckung.

Lampen

Die 12-V-Beleuchtung besteht aus:
1 Leuchtstofflampe 8 W (am Eingang)
2 Leuchtstofflampen 16 W (WC/Küche)
1 Energiesparlampe mit 10 W und separatem Anschluss (Hauptbeleuchtung)
2 eingebauten Spots (am Kopfende des Betts): 10-W-Halogenlampe
   und 3-W-LED

Die Schalter sind bereits eingebaut (Leuchtstofflampe) oder selbst
hinzugefügt (Energiesparlampe), beziehungsweise in die Zwischen-
wände eingebaut (Spots).

Belüftung
Eine Lüftungsanlage (Dunstabzug) mit 12 V und 10 W ist oberhalb
der Küchenzeile eingebaut und kann bei Bedarf eingeschaltet werden.

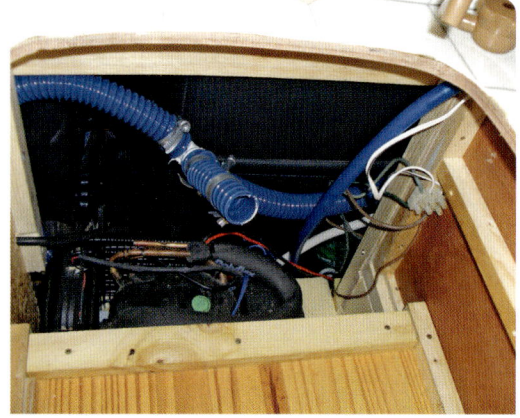

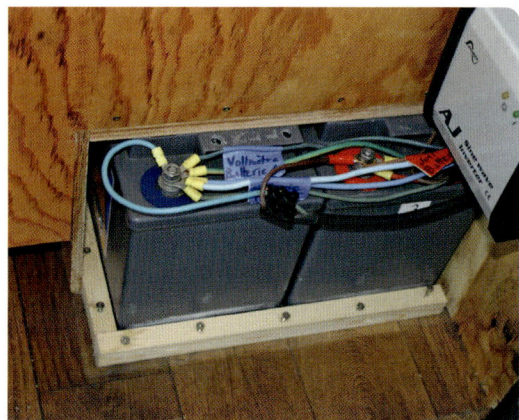

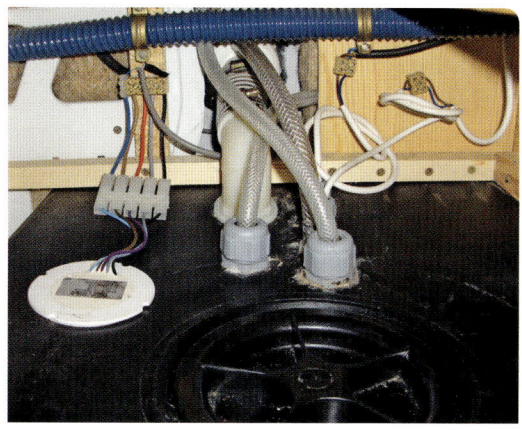

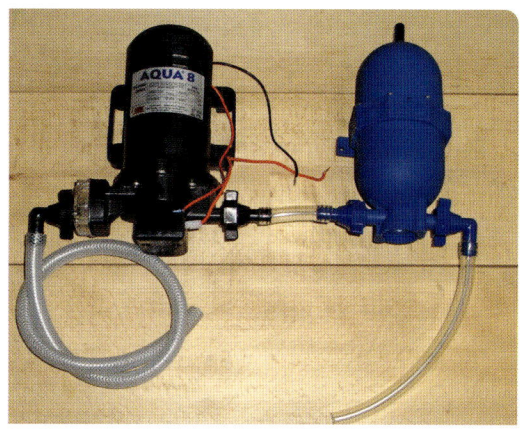

Wechselrichter

Auch hier wurde wieder der 200-W-Sinuswechselrichter verwendet. Er versorgt drei 230-V-Steckdosen: an der Schalttafel, neben dem Tisch und für eine Mini-Stereoanlage in einem Schrank. Dieses kleine Haushaltsstromnetz betreibt mehrere Stunden täglich ein Notebook.

Links: Wasser- und Elektroanschlüsse an den Wasserbehälter.
Rechts: Ansaug-und-Förder-Pumpe mit Ausgleichsbehälter.

Der 12-V-Kompressorkühlschrank ist in der Küchenzeile integriert.

Die Leuchtstofflampe 16 W im WC.

Links: Oberhalb der Küchenzeile: Leuchtstofflampe 16 W und Ansaugöffnung der Belüftungsanlage.

Rechts oben: LED-Spot mit Schwenkkopf und 230-V-Steckdose.

Rechts unten: Über dem Tisch: die Energiesparlampe (Hauptbeleuchtung) und die beiden eingebauten Spots am Kopfende des Betts.

Autarke Stromversorgung

Der kumulierte Durchschnittsverbrauch pro Tag, wie auf Seite 39 vorgestellt, liegt bei 360 Wh (0,36 kWh) oder 30 Ah (360 Wh : 12 V).

Bei maximal 50%iger Entladung (180 : 2 = 90 Ah) gewährleistet die Batterie einen autarken Betrieb von (90 : 30) drei Tagen ohne Sonnenschein.

Im Winter wird die längere Beleuchtungsdauer durch den geringeren Verbrauch des Kühlschranks in etwa kompensiert.

In dieser Jahreszeit erzeugt das Modul nur 120 W × 3 h = 360 Wh pro Tag mit Sonnenschein und unter optimalen Bedingungen: Neigungswinkel des Moduls von ca. 50–60° und ohne Schattenwurf. Bei waagrechter Installation liegt der Verlust bei etwa 30 % und somit die Stromerzeugung bei etwa 250 Wh – das entspricht in etwa 70 % des Verbrauchs von 360 Wh. Jedoch wird das Fahrzeug fast jeden Tag bewegt, so dass die Lichtmaschine die Zusatzbatterie zur gleichen Zeit wie die Hauptbatterie aufladen kann.

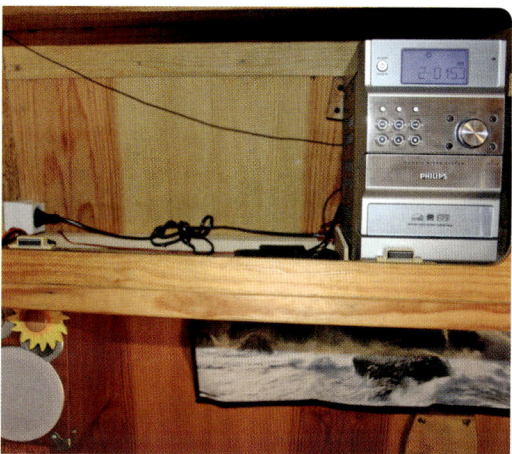

Ist ein solches System nicht vorhanden, so sollte man eine der folgenden Lösungen in Betracht ziehen:

- die Leistung des Solarmoduls verdoppeln (was jedoch, abhängig vom Platz auf dem Dach, nicht immer möglich ist)
- ein Batterieladegerät am 230-V-Netz anschließen (abends, auf dem Campingplatz)
- einen Generator mitführen (Benzin, Diesel oder Gas) – diese verschmutzen jedoch die Umwelt, sind laut und problemanfällig
- eine Brennstoffzelle kaufen – diese sind immer noch sehr teuer

Glücklicherweise nutzen wir unser Wohnmobil fast nur in der schönen Jahreszeit!

Links: Die Energiesparlampe ohne Schirm. Die Verkabelung ist hinter der Trennwand versteckt (Seite 194).

Rechts: In einem Schrank eingebaut: Mini-Stereoanlage an der dritten 230-V-Steckdose.

Ein Wochenendhäuschen auf Rädern. Bei stehendem Fahrzeug kann das Solarmodul aufgeklappt und damit besser auf die Sonne ausgerichtet werden, wodurch ein Energiegewinn von 30 % erreicht wird.

Aufladung der Zusatzbatterie mit der Lichtmaschine

Zur Aufladung der Zusatzbatterie während der Fahrt muss man sie lediglich parallel zur Fahrzeugbatterie anschließen. Dann lädt die Lichtmaschine bei laufendem Motor beide Batterien zugleich (vorausgesetzt, dass die Gesamtkapazität der Batterien zur Leistung der Lichtmaschine passt). Weiterer Vorteil: Das Solarmodul kann auch die Fahrzeugbatterie aufladen, wenn die Zusatzbatterie bereits voll aufgeladen ist.

1. Manueller Trennschalter

Bei unserem Kleinbus verwenden wir eine einfache 32-A-Sicherung (an der Schalttafel), mit der wir die beiden Batterien koppeln. Beim Starten des Motors begrenzt das 10-mm²-Kabel, das beide verbindet, den Strom von der Zusatzbatterie, die ja nicht für den Motorstart vorgesehen ist.

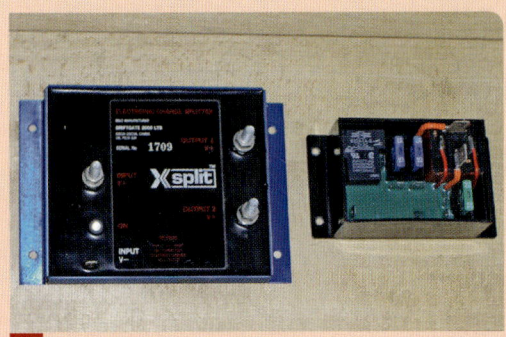

Zwei praktische elektronische Bauteile. Links: Ladungsverteiler, der die Aufladung der parallel geschalteten Batterien gleichmäßig verteilt. Rechts ein Batterietrennschalter.

Achtung: Diese minimalistische und sehr kostengünstige Schaltung erfordert, dass man daran denkt, die Sicherung abzuschalten, wenn man Strom im Wohnbereich verbraucht, weil man sonst zugleich die Fahrzeugbatterie entlädt.

2. Automatischer Trennschalter

Dieses Bauteil trennt beide Batterien voneinander, wenn die Spannung auf unter 12,6 V abfällt, um die Fahrzeugbatterie zu schonen, damit sie auf jeden Fall den Start des Motors gewährleisten kann. Außerdem vermeidet dies Lade- und Entladezyklen, für die sie nicht vorgesehen ist (Seite 18 ff.).

3. Automatische und kostengünstige Lösung

Verwendung des Hupen- oder Nebelscheinwerfer-Relais (30 A wegen des hohen Anfangsstroms beim Laden). Das Relais wird in die Pluspolleitung zwischen beiden Batterien geschaltet und über den Zündschlüssel gesteuert. Im Stand ist das Relais geschlossen und die Batterien sind voneinander getrennt. Bei umgedrehtem Zündschlüssel (Fahrt) schaltet das Relais, und die Zusatzbatterie wird ebenfalls von der Lichtmaschine geladen.

30-A-Relais, das als Batterietrennschalter eingesetzt werden kann.

Kosten für das Elektromaterial

Solarmodul: 400 bis 900 €

Befestigung des Moduls und Durchführung durch das Dach: 50 bis 70 €

Regler: 90 bis 130 €

Batterie (200 Ah): 340 bis 500 €

Wechselrichter: 200 bis 300 €

Kühlschrank: 600 bis 700 €

Pumpen: 100 € (+ ggf. 40 € für den Ausgleichsbehälter)

Lampen: 120 bis 150 €

Kabel und elektrisches Zubehör: 150 bis 300 €

Gesamtpreis also ca. 2050 bis 3190 €.

Handelsüblicher Tracker, womit das Modul dem Gang der Sonne folgt. Der Energiegewinn kann bis zu 50 % betragen, aber ein solches Nachführsystem ist relativ teuer.

Im Solarmodul eingebaut: ein gebrauchter Motorhaubenlift aus einem Auto – so bleibt das Modul im Stand aufgestellt.

Zur Senkung dieser recht hohen Kosten können Sie außer den klassischen Lösungen (Seite 45) auch Folgendes tun:

Weniger Lampen verwenden

Einen günstigeren Regler ohne Display und Betriebsdatenspeicherung verwenden

Einen Kühlschrank nach dem Absorptionskälteprinzip verwenden, der bei geparktem Fahrzeug mit Gas betrieben wird (im Einkauf nur halb so teuer)

Einen Pseudosinus-Wechselrichter verwenden, der nur ca. ein Drittel bis die Hälfte kostet, jedoch um einiges weniger leistungsfähig ist (und den Sie bei Nichtgebrauch aufgrund seines Leerlaufverbrauchs abschalten sollten).

Service

Buchtipps

Seltmann, Photovoltaik: Solarstrom vom Dach,
Stiftung Warentest, 2001
Serltmann, Meine Solaranlage – Photovoltaik:
Strom ohne Ende: Netzgekoppelte Solarstrom-
anlagen optimal bauen und nutzen, Beuth, 2009

Adressen

Deutsche Gesellschaft für Sonnenenergie e. V.
(DGS)
Wrangelstraße 100
10997 Berlin
Tel. 0 30 / 29 38 12 60
Fax 0 30 / 29 38 12 61
E-Mail: info@dgs.de
www.dgs.de

La Maison du Soleil (Das Haus der Sonne)
12, rue de la Mauratière
F-17300 Rochefort
jeanpaul.blugeon@sfr.fr
Zur Kontaktaufnahme mit dem Autor, Besichti-
gung seines Solar-Hauses oder zur Teilnahme an
einer kurzen Weiterbildung zum Thema Solarstrom.

PV CYCLE (Vereinigung zum Recycling von Foto-
voltaikausrüstung):
www.pvcycle.org

Mehr Information

www.photovoltaik-fuer-alle.de
www.energiesparen-im-haushalt.de
www.top50-solar.de
www.boliviainti-sudsoleil.org
www.solarportal-24.de

Bezugsquellen

www.schottsolar.com/de/produkte
www.oeko-energie.de
www.reusolar.de
www.solarportal-24.de
www.wind-mobil.de
www.solarzellen-shop.de
www.solarshop.net
www.conrad.de
www.amazon.de
www.ebay.de
www.selbstausbau.ja-woll.de
www.solartechnik-shop.de
www.multitherm.info
www.iwssolar.ch (Solarpumpe)
www.fritz-berger.de (Wasserpumpe)
www.kids-and-science.tradoria.de (Solarzellen)
www.tente.de (Lenkrollen-Spezialist)
www.leds-com.de (Leuchtmittel und Sockel)
www.dimmer.de/shopping/ar-S-AKK12S115.htm
(Blei-Gel-Akku)
www3.westfalia.de/shops/technik/solar_technik
www.ge-schlauchboote.de

Dankesworte

Mein herzlicher Dank gilt all denen, die Fotos zu diesem Buch geliefert haben, sowie Jef Vivant als Zeichner. Außerdem danke ich allen, die durch ihre aufmerksame (regelmäßige oder auch nur punktuelle) Lektüre der Originalausgabe dazu beigetragen haben, die Qualität und Praxisrelevanz dieses Werks zu verbessern: Robert Chiron, Jean-Marc Convers, Daniel Hernot, Erwan Lereculey, Gérard Nallet (besondere Erwähnung für die fachmännische Prüfung der Fotovoltaikteile) sowie Jef Vivant.

Bildquellen

Die Fotos des Umschlags und des Innenteils stammen vom Autor mit Ausnahme der folgenden:

Sté Alden: Seite 199 unten
Philippe Bertrand: Seite 146
Carole Blugeon-Carrier: Seite 152
Pierre Courtiade: Seite 20
Robert Chiron: Seiten 84, 88 (die beiden oberen Fotos)
Jean-Marc Convers: Seiten 147, 148 und 149 oben
Anne-Marie Coudrin: Seite 57
Gérard Nallet: Seite 199 oben (beide)

Sämtliche Illustrationen wurden von Jef Vivant angefertigt. Die deutsche Fassung wurde von Helmuth Flubacher grafisch umgesetzt.

Die französische Originalausgabe erschien unter dem Titel Jean-Paul Blugeon, Montages photovoltaïques à bricoler soi-même – Utiliser l'électricité solaire au quotidien
© 2010 Les Édition Eugen Ulmer, Paris
Réalisation: Laurent Melin

Haftungsausschluss

Die in diesem Buch enthaltenen Empfehlungen und Angaben sind vom Autor mit größter Sorgfalt zusammengestellt und geprüft worden. Eine Garantie für die Richtigkeit der Angaben kann aber nicht gegeben werden. Autor und Verlag übernehmen keinerlei Haftung für Schäden und Unfälle.
Der Verlag Eugen Ulmer ist außerdem nicht verantwortlich für den Inhalt von Links.

Bibliografische Information der Deutschen Nationalbibliothek
Die Deutsche Nationalbibliothek verzeichnet diese Publikation in der Deutschen Nationalbibliografie; detaillierte bibliografische Daten sind im Internet über http://dnb.d-nb.de abrufbar.

© 2011 Eugen Ulmer KG
Wollgrasweg 41, 70599 Stuttgart (Hohenheim)
E-Mail: info@ulmer.de
Internet: www.ulmer.de
Umschlagentwurf: Atelier Reichert, Stuttgart
Lektorat: Alfred Mathis, Christine Schneider
Übersetzung: Wolfgang Pfann
Satz: BUCHFLINK Rüdiger Wagner, Nördlingen
Herstellung: Thomas Eisele
Reproduktion: timeray visualisierungen, Herrenberg
Druck und Bindung:
Westermann Druck Zwickau GmbH
Printed in Germany

ISBN 978-3-8001-7619-9

Register